POETIC LIFE

金雅　李祎罡　著

哲诗宗白华

南京大学出版社

图书在版编目(CIP)数据

哲诗宗白华 / 金雅,李祎罡著. — 南京:南京大学出版社,2024. 11. — ISBN 978 - 7 - 305 - 28485 - 4

Ⅰ. B83 - 092

中国国家版本馆 CIP 数据核字第 20241NJ229 号

出版发行　南京大学出版社
社　　址　南京市汉口路 22 号　　　　邮　编　210093
书　　名　**哲诗宗白华**
　　　　　ZHESHI ZONGBAIHUA
著　　者　金　雅　李祎罡
责任编辑　施　敏

照　　排　南京南琳图文制作有限公司
印　　刷　南京玉河印刷厂
开　　本　635 mm×965 mm　1/16　印张 13.75　字数 186 千
版　　次　2024 年 11 月第 1 版　2024 年 11 月第 1 次印刷
ISBN 978 - 7 - 305 - 28485 - 4
定　　价　45. 00 元

网　　址　http://www.njupco.com
官方微博　http://weibo.com/njupco
官方微信　njupress
销售热线　(025) 83594756

目 录

导读

　　我爱光，我爱美，我爱力，我爱海，我爱人间的温暖，我爱群众里千万心灵一致紧张而有力的热情。

　　——宗白华：《我和诗》，载金雅主编、欧阳文风等选鉴《宗白华哲诗人生论美学文萃》，中国文联出版社2017年版，第223页。

　　宗白华，本名之槐，字白华、伯华，籍贯为江苏常熟虞山镇，生于1897年12月15日，逝世于1986年12月20日，享年八十九岁，中国现代最富诗情哲意的美学家之一。纵览宗白华先生的一生，经历了清末以及民国那段八方风雨、内忧外患、动荡不安的年代，也见证了中华人民共和国成立后的栉风沐雨而万象更新的景象。他的生平过往、人格风范、思想历程、人生轨辙，都闪烁着绚丽清雅、意趣悠远的哲韵诗情。

　　1914年，十七岁的宗白华游览浙江上虞东山后，第一次作诗，他一气呵成，吟出了"坐久浑忘身世外，僧窗冻月夜深明"[1]的美丽诗句。这个人去山空，万籁俱寂，夜深月明，一僧独坐月下的艺术意象，仿佛映射着宗白华一生诗、哲、艺、美圆成的人格韵趣与生命影像。

一、汇融美思艺境

少年时期的宗白华就酷爱山水风景、花鸟云烟,把身心融入大自然的怀抱,感受生命的美好与神奇。他是个安静斯文的小孩,常常将外界事物带给他心灵的拨动,悄悄地藏在心底,再慢慢回味。

十三四岁在南京时,宗白华常常一个人坐在水边的石头上,静静地看着天边的白云时卷时舒,桥畔的垂柳舞动着婀娜的身姿,草地上的小花在和煦的微风中摇摆,远处亭台似飞鸟般翘起高高的檐。这些自然景物,成为宗白华孩提时代亲密的伴侣。他常常陶醉在穿过夕阳晚霞飘来的钟声和箫声里,让少年的宗白华心里鼓荡着庄严而柔和的情调,生发出一种美好而幸福的感觉。长空淡碧,素静凝辉,空灵缱绻。每每此时,宗白华都感到莫大的快乐。

十六岁时,宗白华感染"时瘟",呕吐,腹泻,暴瘦。病愈后,他来到滨海城市青岛养病。病痛让宗白华对生命有了更深度的体验,也让他对世界有了更敏锐的感触。他喜爱静静坐在海边,凝望一望无际、碧波微漾的海面。当轻爽的海风拂动他的心弦,宗白华将心中最温柔的情思都托付给了这片湛蓝洁净的大海,他与大海如同相互依偎的爱人,吐露着彼此的心事与柔情。与大自然的交感神会,滋养了少年宗白华的想象力和审美感知力,也为他未来的俊逸的个性和清朗的人格打下了诗性的基础。在《我和诗》里,宗白华回忆少年时说:"我小时候虽然好玩耍,不念书,但对于山水风景的酷爱是发乎自然的。"[2]从小对于自然的敏感挚爱,印刻在宗白华的人格因子里,并随着他的长大而不断丰富深沉。

十七岁的春节,宗白华前往上虞东山游览。东山又称谢安山,山上有谢公祠,祠后有谢公墓。宗白华去时,山下的东山湖正值渔期,近百只渔船飘荡在湖面上,在落日余晖的笼罩下,一幅渔舟唱晚之景。当晚宗白华住宿在山下的僧舍里,与老僧把酒言欢。当夜晚月光透过云霭撒照大地,宗白华趁着月色再次攀登至谢公祠前,微风吹动着祠前的两棵古柏沙沙作响,令树下徘徊的宗白华不由得追念起昔日谢安的风流之貌。在这一片动人的景色下,一股诗意涌上宗白华的心头,诗情从他心底涌出,他写下了人生第一首诗。由景动情,传情入境,自境发诗,对自然山水的热爱,将宗白华引入趣意盎然的美境诗情中。宗白华写诗,从来都是真情实感的自然流露,也从来都是将自我投身自然宇宙的美意灵境中而创化。

从青岛回到上海后,宗白华住在外祖父家里。每天清晨花园里,总能传来外祖父琅琅的诵诗声。外祖父所唱的是陆游的诗,音调沉郁苍凉,大有遗世之感。宗白华深深陶醉在外祖父的唱诗声中,内心也生发出对诗的喜爱之情,于是跑到书店也买了一本《剑南诗钞》回来读。这是宗白华生命中第一次翻阅诗集。在此之后,宗白华还沉醉于王维、孟浩然、韦应物、柳宗元等人的诗里,这些诗人的诗歌境界静穆闲适、平淡自然,寓秾丽于冲淡之中,非常合宗白华的脾性,他的诗心也逐渐蓬勃,将更广阔的世界拥入自己的怀中。

二十三岁,宗白华留学德国,他爱上了新诗创作,一首首动人缱绻的"流云小诗",从他的心底涌动而出。其中有对远方恋人的思念倾诉,有对自然风景的深情寄托,有对身处异国孤独内心的吐露,有对生命意义的思考叩问。一首首小诗,见证了宗白华在德国的感受与心境,也涵化了宗白华的诗心情韵。

温柔浪漫而又诗情旷达的宗白华,不只爱好诗,他也发自内心喜爱各种能够带来美感和哲意的艺术样式。无论是莎士比亚文学流淌出的同情与幽默、罗丹雕塑表现出的生命精神,还是敦煌壁画的浪漫奔逸、唐代诗歌的伟大壮丽,艺术以诗意的语言,向宗白华散播着美的种子和精神,对宗白华的思想、个性、人格和人生道路,产生了极大的陶染和影响。艺术不仅融入了他对山水风景的爱恋,启迪开拓了他的审美力,也激发了他对人生、生命、宇宙存在的思考。将审美、艺术融于人生,不仅是宗白华在生命旅程中的诗意践行,也是他在理论探索中的追问旨向。

20世纪20年代,宗白华提出了"艺术人生观"的命题,明确将人生叩思纳入审美视野,自觉思考与建构艺术和人生的关系。早在1919年,他在《说人生观》一文中,将人生观分为"乐观"、"悲观"、"超然观"三种,意欲"思穷宇宙之奥,探人生之源"。1920年,他发表《青年烦闷的解救法》,亮出并阐述了"艺术人生观"内在的深刻含义,他说:"艺术人生观就是把'人生生活'当作一种'艺术'看待,使他优美、丰富、有条理、有意义。"[3]同年,他发表《新人生观问题的我见》,谈到了"艺术人生观"所关联的"艺术的人生态度",他指出"什么叫艺术的人生态度? 这就是积极地把我们人生的生活,当作一个高尚优美的艺术品似的创造,使他理想化,美化。"由此出发,宗白华逐渐走向寻求艺术、审美、哲学、人生的圆融。

宗白华秉持万物有情的美感立场,无论是宇宙自然还是文学艺术,在他眼中都是活泼泼的生命显露。他认为"宇宙全体是大生命的流行,其本身就是节奏与和谐"[4]。生命的活力诞生了万事万物,不论是形上本体的"道",还是诗象呈现的艺术,都需要在自由而诗意的节奏和韵律中衍化繁生。诗意的生命,将宇宙万物与人涵通起来,也将艺术与人生融通起来。艺术"生命"与"人生"之间,同音共律,呈显人格哲韵与人生境界,此时,艺术和诗就在场了。从艺术中体悟宇宙之道和生命之境,便能由美入真,领悟到宇宙的本真和生命的哲韵,进入"人生艺术化与宇宙生命之至境"[5]。

深味于万物有情、哲意诗韵的宗白华,自始至终践行着对生命和宇宙的深切同情,了悟人生之美意。在宗白华看来,同情是推发艺术和美感的源动力,也是构现艺术人生观的精神底质。宗白华主张在艺术和生活的勾连中,同情可以超拔道德,使生命升华到艺术和审美的至纯世界中。他呼唤:"艺术的生活就是同情的生活呀!"[6]并指出:"艺术的起源,就是由人类社会'同情心'的向外扩张到大宇宙自然里去。"[7]

知、情、意、行的合一,诗、思、艺、哲的汇融,使宗白华的审美人生诗趣盎然，哲韵悠长，温暖而生意勃发。

二、探问哲韵美意

宗白华所处的是一个社会动荡、风云变幻的年代。如何面对生活和生命，如何面对自我和环境，不免让人心起涟漪。

宗白华自小安静内敛，小时陶醉自然，逐渐钟情艺术，后又接触佛教奥义，精研西哲思想，使他敏感细腻的内心，不仅着意于体察世间万物的律动与生意，也着意于思索叩问生命与世界的深义。

十七岁，宗白华在上海同济上学时，有位室友信佛，经常盘着腿坐在床上朗诵《华严经》。这时，宗白华也惬意地躺在床上，闭着眼睛静静地听着室友的琅琅诵经声。《华严经》词句优美，颇含奥义，室友的诵读声清朗高远，将宗白华引入了一片玄妙之境。宗白华回忆，他对哲学的思索与研究，是从这里开始的。[8]

宗白华年少修习德文，接触到了德国近代一系列哲学家，西方哲学对世界的思辨追问令宗白华着迷。其中，叔本华是最早进入宗白华视野的一位。叔本华受到柏拉图、康德、印度佛学的影响，他关于世界既是表象也是意志的探讨，使初入哲学之门的宗白华感受到哲学对生命奥秘的启示。他赞叹叔本华说："吾读其书，抚掌惊喜，以为颇近于东方大哲之思想，为著斯篇焉。"[9] 1917 年，宗白华写作了处女作——《萧彭浩哲学大意》，介绍叔本华的哲学思想，这也是 20 世纪初年中国知识界较早介绍叔本华思想的一篇论文。宗白华也喜欢康德哲学，在少年中国学会期间他发表了两篇研究康德哲学的论文，在当时知识界引起不小的轰动。有次胡适来上海考察，特地表示要见见少年中国学会里那位研究康德的宗之櫆"老先生"，结果站在他面前的宗之櫆，是位二十岁出头的年轻人，令胡适大惊。

1918 年，宗白华从同济医工学堂毕业，喜爱哲学和艺术的他，并未走上医学的道路，而是继续在哲学和美学上学习深造。1920 年，宗白华留学德国。1920 秋到 1921 年春，宗白华在法兰克福大学学习哲学、心理学等课程。1921 夏到 1924 年冬，宗白华在柏林大学学习美学与哲学，师从德国著名美学家、艺术理论家玛克斯·德索、伯尔施曼等。1925 年春，宗白华启程回国，同年被聘为南京东南大学哲学院教授，从此开启了他的美学事业和教育生涯。

在那个洪流奔涌的年代，西方新思新知激荡了一大批中国的新型知识分子，宗白华也不例外。他一方面大量吸纳积极学习西方知识与思想，同时也热烈地希望将富有东方哲学意味的"艺术人生观"融入现实，解脱精神的困顿和思想的苦闷。

东方哲学对形上本体的玄妙之思，西方哲学对世界本源的究底叩问，在宗白华的思想和心灵中交汇，对他的自然观、人生观、生命意识等，都产生了深远的影响。正是对自然的无限热爱，对艺术的深度体味，对人生的叩问反思，深化了宗白华的哲学追问，也提升了他的审美体验与审美感悟，由此出发，宗白华层层探发了"美"的奥秘和价值，并将其与生命之内核、人生之奥义汇融。

20 世纪 20 年代，宗白华开始自觉探思艺术的生活方式与审美的人生态度之关联。一方面，宗白华将自然审美与人生美意相勾连，肯定自然的审美观照对人格美塑的积极作用，认为创造人格"最好的地方就是在大宇宙的自然境界间"[10]，由此开拓出"艺术人生观"的自然审美向度。另一方面，宗白华也颖悟了哲学与艺术所共通的人生指向，主张"依此真实之宇宙观，建立一真实之人生观，以决定人生行为之标准"[11]，而艺术的创造过程是"理想化，美化"的过程，人生创造与艺术创造同气共理，都是"物质的形体化、理想化"。他提出，"艺术人生观"就是要"从艺术的观察上推察人生生活是什么，人生行为当怎样"[12]。

真善美贯通，以真启美，从自然、艺术到哲学，从中西哲意到美感，是宗白华审美人生的"哲诗"基底，也是宗白华的基本美学立场和生命底色。宗白华的一生，以诗情哲意、富蕴意境的美丽文字，抚慰舒畅了大时代中无数困顿迷惶的心灵。宗白华也在真善美贯通、以真启美的艺术世界和审美世界中,感悟宇宙律动,探寻生活本真,体味生命美意,追询人生真谛。

三、追求自由诗性

动荡年代,"时瘟"病痛,辗转求学,宗白华敏感的心灵触碰了生命的脆弱与渺小。他回忆少时说,我是经历过极大的痛苦的。切肤入心的痛苦,让敏感早慧的宗白华,更加懂得珍惜生命的美好,珍爱万物的风华。他从心底生发出对大千世界纯粹、真挚、深沉的同情。万物不设不施、自然可爱、活泼明媚,将宗白华引入了纯洁澄明、自由诗性的美境。宗白华的自我,也在这片物我交融的灵境中,逐渐冲破矛盾,冲破挣扎,冲破内在的冲突,陶染和升华。

1919 年 11 月,宗白华担任《时事新报》副刊《学灯》主编,他大胆开放《学灯》的栏目门类,评论、讲坛、研究、译述、学术、文化、社会问题等文章,都有机会刊登,一时间,各种洋溢着新文化、新思想,流溢着热诚和理想的文章,从四面八方纷至而来。

编辑《学灯》期间,有一次,宗白华在众多信件中发现了两首来自日本的新体诗,浪漫动人。宗白华大喜,极力推荐发表,于是《学灯》上首次刊出了郭沫若的两首新诗——《鹭鸶》与《抱和儿浴博多湾中》。此时,在日本留学的郭沫若,开始创作新体诗,但投给国内期刊的新诗,都未得到刊发。郭沫若的心里十分失落,恰巧这两首大胆奔放、自由洒脱的诗作,打动了宗白华。当看到自己的新诗在《学灯》上发表出来,郭沫若的创作激情被大大点燃,一首首新诗跨过山海,成为《学灯》上恣意挥洒的铅字,在广大青年中传递。"嘤其鸣矣,求其友声",宗白华给予了郭沫若诗歌才情的真挚肯定,郭沫若也将自己的炽热诗心托付给宗白华,两位年轻人汹涌赤诚的心灵,被一首首浪漫奔逸的诗作连接起来,两人珍贵的友谊也缘于"诗"而开始谱写。

1920 年 5 月,宗白华前往德国留学,辞去《学灯》主编职位《学灯》后于 1929 年停刊。1937 年,宗白华随中央大学前往重庆。1938

年,宗白华继续主编复刊的《星期学灯》,他用自己的理想和追求继续擦亮"学灯",使"学灯"成为烽火岁月下依然能够持续照亮中国大地上国人心灵的一盏明灯。

宗白华一生衷爱学术与教育,与人不争不抢,坚守自己的原则,从未在名利经营上费过心神。在民国那个动荡的时代漩涡中,他既不涉足党派斗争,也不惧怕政治倾轧,保持着自由且独立的人格精神。民国时期的很多文人的感情经历都百折千回,但宗白华一生一心只守着一个人,那种爱平淡而长久,却内敛而有力。他醉心于热爱的自然、艺术和真理,在其中寻觅自由浪漫和美境诗意。他在德国留学时写过的一首诗里说:"缕缕的情丝,织就生命的憧憬。大地在窗外睡眠! 窗内的人心,遥领着世界深秘的回音。"[13]情感、生命、哲思、美意,物我相融,情景相汇,安放了宗白华向往自由诗性的心灵。

在宗白华的理想中,最具自由诗性的人格风姿与人生境界,莫过于魏晋人士。1941 年,宗白华发表了《论〈世说新语〉和晋人的美》,盛赞魏晋士人的艺术精神与人格魅力。他敏感到山水风神、人格诗意、艺术精神、哲思意趣是可以汇融的,魏晋士人就是一种清朗丰满的个案。他认为"晋宋人欣赏山水,由实入虚,即实即虚,超入玄境"[14],对自然宇宙的体察具有超越性质,对自然山水的形式观照可以进入到"表里澄澈"、"一片空明"、"玉洁冰清"、"宇宙般幽深"的"灵境"之中。这个"灵境"创现于一个优美而自由的心灵之中,它涵育着、滋养着自由诗性人格的生成。自由诗性的人格向外表现是"行草艺术",晋人的书法"天马行空,游行自在","心手相应,登峰造极","是这自由的精神人格最具体最适当的艺术表现";[15]向内流露是"一往情深",深情之人,可以体会到宇宙人生"至深的无名的哀感",这种"悲天悯人"的大悲而至美的情怀与天地万物共气同情,于是"山水虚灵化了,也情致化了"[16],终而达成了魏晋人心感万物、神游天地的艺术精神和美感哲意。"不沾滞于物的自由精神",是通向哲学意义的美悟,"这种精神上的真自由、真解放,才能把我们的胸襟像一朵花似的展开，接受宇宙和人生的全景，了解它的意义，体会它的深沉的境地"[17]。对于人生意义的反思、宇宙生命的追问、形上意义的感悟，全仰赖于自由而诗意的艺术精神和审美观审，这也是魏晋人格塑造与生命探索的究极旨向。魏晋名士的人格，可"俯察品类之盛"，在发现山水自然之美中修养生命的内涵；也可"仰观宇宙之大"，在体悟人生宇宙之美中拓展生命的意义。

魏晋人格，有追求超拔的自由浪漫，也有信仰审美的诗性情韵，这种对自由诗性的渴望与追逐，成为宗白华理想人格的映射，又涵养了宗白华人格的哲诗风韵，成为宗白华对待物我关系的审美尺度。宗白华的人生审美实践，向外醉心自然和艺术，徜徉在美的世界中；向内探索心灵和精神的底韵，关注自我情感的深致与高逸。"文革"时，宗白华在北大被要求"学习"，但他的心境是很平和的。冯友兰回忆起宗白华有次穿着白裤褂，一手打伞，一手摇着纸扇，从北阁后面的山坡上走来，十分悠然。冯友兰不由得叹道："是真名士自风流！"[18]不滞于物，不困于心，晋人风范，名士风度，这是宗白华的同学、同事、朋友们对他的深刻印象。

宗白华一生，将自我投入自然万象之中，没入诗与艺术，同频宇宙和生命。浓郁的审美同情，浓烈的诗意，酣挚忘我，境趣悠远。他的美学言说和他的生命践履，是完美契合的。是"活泼泼的心灵飞跃"，是"凝神寂照的体验"，这里是充实与空灵、极动与极静、节奏与和谐、至动与韵律的融洽与相合，是"澄观一心而腾踔万象"，"在拈花微笑里领悟色相中微妙至深的禅境"[19]。这种人生审美境界是宗白华自由诗性人格精神的纵情显现，它镌刻出宗白华隽永的"哲诗"精神，也贯通了宗白华的人生意志和实践向度。

*　　　*　　　*

宗白华年轻时有句座右铭："拿叔本华的眼睛看世界，拿歌德的精神做人。"[20]叔本华的哲思体悟,歌德的浪漫诗情,深深濡染了宗白华。宗白华既是美学家,也是诗人和哲人,他身上不仅有高情俊才,能够笔下生花,也有严谨透辟,不断求真究底。哲诗美意,是宗白华对生命意义与学问求索的一种汇融,熔铸了他对生命情调的美感体悟,对人生实践的诗意创化,向我们呈现了一种审美、艺术、人生统一的生命美旅及其风姿神韵。美的散步,高逸而诗情,自由而诗意。

注释:

〔1〕〔2〕〔8〕〔20〕宗白华:《我和诗》,载金雅主编、欧阳文风等选鉴《宗白华哲诗人生论美学文萃》,中国文联出版社 2017 年版,第 221 页;第 218 页;第 219 页;第 219 页。

〔3〕宗白华:《青年烦闷的解救法》,载金雅主编、王德胜选编《中国现代美学名家文丛·宗白华卷》,浙江大学出版社 2009 年版,第 24 页。

〔4〕宗白华:《艺术与中国社会》,载金雅主编、王德胜选编《中国现代美学名家文丛·宗白华卷》,浙江大学出版社 2009 年版,第 70 页。

〔5〕金雅:《人生艺术化与当代生活》,商务印书馆 2015 年版,第 131 页。

〔6〕〔7〕宗白华:《艺术生活——艺术生活与同情》,载金雅主编、王德胜选编《中国现代美学名家文丛·宗白华卷》,浙江大学出版社 2009 年版,第 156 页;第 157 页。

〔9〕宗白华:《萧彭浩哲学大意》,载金雅主编、王德胜选编《中国现代美学名家文丛·宗白华卷》,浙江大学出版社 2009 年版,第 103 页。

〔10〕宗白华:《中国青年的奋斗生活与创造生活》,载金雅主编、王德胜选编《中国现代美学名家文丛·宗白华卷》,浙江大学出版社 2009 年版,第 18 页。

〔11〕宗白华:《说人生观》,载金雅主编、王德胜选编《中国现代美学名家文丛·宗白华卷》,浙江大学出版社 2009 年版,第 3 页。

〔12〕宗白华:《新人生观问题的我见》,载金雅主编、王德胜选编《中国现代美学名家文丛·宗白华卷》,浙江大学出版社 2009 年版,第 11 页。

〔13〕宗白华:《生命之窗的内外》,载《流云小诗》,安徽教育出版社 2006 年版,第 105 页。

〔14〕〔15〕〔16〕〔17〕宗白华:《论〈世说新语〉和晋人的美》,载金雅主编、王德胜选

编《中国现代美学名家文丛·宗白华卷》,浙江大学出版社 2009 年版,第
196 页;第 198 页;第 200 页;第 200 页。

〔18〕 邹士方:《宗白华评传》,西苑出版社 2013 年版,第 305 页。

〔19〕 宗白华:《中国艺术意境之诞生》,载金雅主编、王德胜选编《中国现代美学
名家文丛·宗白华卷》,浙江大学出版社 2009 年版,第 217 页。

美乡诗哲

第一章　诗心滋萌

　　我后来的写诗却也不完全是偶然的事。回想我幼年时有一些性情的特点，是和后来的写诗不能说没有关系的。

　　——宗白华：《我和诗》，载金雅主编、欧阳文风等选鉴《宗白华哲诗人生论美学文萃》，中国文联出版社2017年版，第218页。

　　宗白华出生于19世纪末的历史文化名城安徽安庆。清末时局动荡，外来新思潮接连涌入。但宗白华在书香诗礼之家和文化底蕴丰厚的安庆长大，他接受了传统文士的古典式教育，也感濡了中国文化的山水禅意。小时候的宗白华就心思敏感，宛转多情，内心充满了无尽的幻想和热忱，尤其对于自然山水，投入了无限的思绪和情感。自然世界中的一花一叶，细水流云，落日晚霞，晨钟暮鼓，都震颤在宗白华的灵魂深处，在心湖中泛起阵阵涟漪，逐渐荡漾起宗白华的诗心律韵，又逐渐发衍为诗情、哲思、艺境，蓬勃为美的意趣。

第一节　儿时世界

十三四岁的时候，小小的心里已经筑起一个自己的世界。

——宗白华：《我和诗》，载金雅主编、欧阳文风等选鉴《宗白华哲诗人生论美学文萃》，中国文联出版社2017年版，第219页。

1897年12月15日（清光绪二十三年十一月廿二日），安徽安庆一个宗姓的诗礼世家中，一名男婴呱呱坠地，家族的长辈们对这个新生命寄予无限的厚望，期盼着这个婴孩长大后能像北斗星般光华明亮，于是为他取名宗之櫆，字伯华。

一、世家文脉

宗白华的家乡安徽安庆，是集古皖文化、禅宗文化、戏剧文化、桐城派文化于一处的历史文化名城。安庆自古文艺气息浓厚，这里曾经诞生过中国文学史上著名的长篇叙事诗《孔雀东南飞》，也诞生了将采茶调与方言结合起来并蜚声海内外的剧种——黄梅戏，从这里走出去的"四大徽班"日后发源了中国的国粹——京剧。安庆也是中国禅宗的发源重镇，中华禅宗二祖慧可传承于达摩祖师，在安庆司空山开宗立派，直到三祖僧璨、四祖道信，都曾以安庆为活动轴心。在唐代佛教中兴时，安庆仍是禅宗的活动中心。禅宗讲究在现实的、鲜活的自然世界中，领悟空寂的、永恒的宇宙本体。禅宗文化底蕴深厚的安庆，潜移默化中濡染了幼年宗白华对自然山水的欣赏与体悟。

安庆不仅底蕴深厚，人才辈出，而且在近代中国历史发展中也有着重要的地位。洋务运动期间，曾国藩在安庆创立了中国近代第一家军工企业——安庆军械所，制造出中国第一台蒸汽机和机动船。

安庆也是中国新文化运动先驱陈独秀的故乡，清光绪年间陈独秀在安庆举办藏书楼演说、创办《安徽俗话报》，率先举起"新文化"运动的旗帜。在新旧历史的交锋中，安庆涌现了诸多英才俊士。宗白华便出生成长于这个传统又开明、古典又新锐、静雅又喧嚣、兼具秀丽自然风景和浓厚人文历史气息的皖中城市。

宗白华出生于一个传统文士、条件优渥的家庭，祖籍是江苏常熟，宗家先祖是宋代有名的抗金名将宗泽，浙江义乌人，后嗣中一支即是常熟宗家。历史上的宗泽是北宋、南宋之交杰出的政治家、军事家，曾任用岳飞等人为将，屡败金兵，是著名的民族英雄。靖康之变后，东京失守，宋军南下。宗泽在任东京留守期间，曾二十多次上书宋高宗赵构，力主还都东京，并制定了收复中原的方略，但均未被宋高宗采纳。宗泽壮志难酬，忧愤成疾，临终前仍然念念不忘收复中原，在三呼"渡河"后与世长辞，留下一条家训：子孙后代不得做高官，不侍异族。这条去浮名爱国族的热血家训，深深影响了宗家子孙。宗白华的祖父、父亲直到宗白华，都不投机求仕，不尚浮华虚荣，而更喜欢研墨读书，充实自己的内涵和精神。宗白华的祖父是晚清秀才，在家乡常熟任私塾教师，一心教书育人，深受当地人敬重。宗白华的父亲宗嘉禄，早年专心读书，潜心科举，在宗白华出生那年金榜题名，高中举人。宗嘉禄虽生长在传统文士家庭，但思想开明，紧跟时代潮流，关心国家兴亡，是个典型的"维新派"。他主张"设学校以育才，倡实业以裕民，兴水利以富农"[1]。他自己专攻史地水利，将治理淮河奉为理想，中举后担任安徽沙田局局长。桐城诗人方守彝慧眼发现了这个年轻有为、心怀抱负的年轻人，将自己的爱女方淑兰许嫁给他。方淑兰在书香之家长大，从小受到了良好的传统教育，和风华正茂的宗嘉禄可谓天作之合。但在担任沙田局局长期间，宗嘉禄虽秉公无私，励精求治，终因"官场黑暗，积重难返，壮志未酬，弃官而回"[2]。卸任沙田局局长后，宗嘉禄转而投身教育。1905年，他来到南京思益学堂担任地理教师。思想开明的宗嘉禄渴望改革传统教育的弊端，他东渡考察日本的教育状况，回国后担任由状元实业家张謇督办的江南高中两等商业学堂的校长，他大胆任用一批"维新派"任教，培养了一批新型商业人才。当时，学校里还有思想先进、力主革命的进步人士，在轰轰烈烈的辛亥革命中，这些教师和学生投身其中。

辛亥革命之后，安徽都督仰慕宗嘉禄在水利及教育上之建树，请其任安徽导淮测量局局长。1916年，宗嘉禄组织测量队测量淮河流域诸河，分析淮河的水文地貌及治理沿革，"设计开泗北故道，一导睢河入湖，以去害，一分北浥河入涡浍，仿沟田制以兴利"[3]。从此，泗灵间的各个湖泊生出了良田达七十余万亩，并且杜绝了汴堤以北的水患，淮北各县八百万亩田地受益于此，安徽淮河的水灾也大为减少。宗嘉禄治水有功，且为人正直清廉，却因下属贪污被追责，罢免官职。从此，宗嘉禄更专注于研究和教育。1932年至1933年间，宗嘉禄先后在中央大学、安徽大学等数所大学内任教，讲授"淮河流域地理与导淮问题"等课程，并作同名书册。

宗氏一脉，人才辈出，群英荟萃。母亲方家是安徽桐城的大族，深受"桐城派"文化的濡染。宗白华姨母是著名作家方令孺；表弟分别是著名戏剧导演方缩德、"新月派"著名诗人方玮德、著名学者叔芜、何均；表妹夫是中国现代著名话剧剧作家曹禺；外甥女是著名美籍华裔作家包柏漪。在这个文人云集的家族中，宗白华沉浸在浓浓的文化和艺术空气中。宗白华少年时代就热爱诗歌，后来创作过"流云小诗"，与"新月派"诗人交往密切。宗白华也爱好戏剧，经常去看戏，尤其是田汉的戏剧非常令他青睐。《三叶集》，就是宗白华和诗人郭沫若、戏剧家田汉书信往还的结集，也是他们青春友谊的见证。

先祖的气节，家族的文脉，父母的品行，深深熏陶了宗白华。中国现代著名土木工程学家、桥梁专家茅以升，是宗白华在南京思益学堂的同学。茅以升回忆宗父嘉禄"在当时知识界是'维新人物'，名气甚大，我想宗白华同志受了家教影响，因而对文史哲学，才有如许贡献"[4]。宗白华一生淡泊名利，醉心自然，衷情文化，热爱美与艺术，他将自己的热血和深情，无私而专注地投给了学术与教育。

二、金陵时光

1905 年 9 月，宗白华父亲宗嘉禄转至南京思益学堂担任地理教员。思益学堂是当时南京第一所新式小学，也是中国最早兴办的新式学校之一。八岁的宗白华，便是在此时，跟随父亲来到南京，就读于这所新式小学，从此他也与南京这座历史悠久、风景秀美的金陵古都、文化名城结下缘份。

南京人文气息浓郁，风景名胜荟萃。2019 年 10 月 31 日，联合国教科文组织宣布中国南京为"世界文学之都"，这也是中国唯一的"世界文学之都"。历史上，南京诞生了中国第一个"文学馆"，第一部品评诗歌的理论批评著作《诗品》，第一部文学理论批评专著《文心雕龙》。位居中国古典文学四大名著之首的《红楼梦》的作者曹雪芹的曾祖父，曾在南京担任江宁织造局官职长达六十年，曹雪芹的童年和少年时代就是在南京度过的。《红楼梦》中包含了丰富的南京元素，如金陵、应天、江宁等南京的别名，《金陵十二钗》也是《红楼梦》的别名之一。鲁迅、巴金、朱自清、张爱玲等中国现代文学名家，都曾有过在南京读书或生活的经历。六朝金粉的秦淮河、厚重肃穆的明城墙、风光旖旎的玄武湖、清新秀丽的雨花台，历史、人文、自然风光的交织，使南京既厚重又美丽。

1909 年，十二岁的宗白华升入南京第一模范高小继续读书。1912 年，十五岁的宗白华考入南京金陵中学，在此学习英文。南京金陵中学创建于 1888 年（清光绪十四年），初创时叫做汇文书院，1910 年（清宣统二年）与宏育书院合并为金陵大学，改中学堂为附属中学，简称金大附中、金陵中学。汇文书院创建之时，中国的科举考试制度尚存。采用新式教学方法的汇文书院，对中国新型教育的发展，和培养新兴高级人才，都有重要贡献。

少年时候的宗白华，丰富的幻想和好奇心使他对外部世界保持着浓烈的亲近之心和探索的愿望。他异常热爱自然，"时有落花至，远随流水香"[5]，天空中的星云流转、山涧中的涓流细语、远方的落日晚霞、脚下的春草鲜花，都激荡起少年宗白华心底的旋律和浪漫的情怀，承载着他敏感早慧的心灵和细腻绵长的情思。他常常一个人静静地坐在水边的石头上，看着桥畔垂柳在阳光下被清风拂动，看着天上的白云时卷时舒，伴着年轻的灵魂绽放，孤单地哀怆跳动。宗白华在南京读书的这几年，中国的大地也正发生着翻天覆地的变化。清廷统治晚期，西方列强在中国土地上肆意妄为，当权者对外软弱，对内严苛，国家严重积贫积弱。辛亥革命一声枪响，推翻了封建王朝的专制统治。然而希望的曙光在朦胧之际就被熄灭，袁世凯窃取革命的果实，之后又是长期的军阀混战，百姓长期生活在水深火热中。动荡的时局，晦暗的世界，也是少年宗白华无法回避的残酷现实。这也使得心思敏慧的宗白华，从少年时代，就孕生了对自然山水的热爱，渴求在对山水自然的静默观照和细味慢赏中，寻找生命的寄托和意义。

少年宗白华敞开自己的胸怀，张开自己的臂弯，拥抱这个世界中的草木鸟鱼，绽放了自己生命中的"灿烂的感性"。

后来，宗白华回忆南京岁月时，写道：

> 我小时候虽然好顽耍，不念书，但对于山水风景的酷爱是发乎自然的。天空的白云和覆成桥畔的垂柳，是我童心最亲密的伴侣。我喜欢一个人坐在水边石上看天上白云的变幻，心里浮着幼稚的幻想。云的许多不同的形象动态，早晚风色中各式各样的风格，是我童心里独自玩耍的对象。都市里没有好风景，天上的流云，常时幻出海岛沙洲，峰峦湖沼。我有一天私自就云的各样境界，分别汉代的云、唐代的云、抒情的云、戏剧的云等等，很想做一个"云谱"。

风烟清寂的郊外,清凉山、扫叶楼、雨花台、莫愁湖是我同几个小伴每星期日步行游玩的目标。我记得当时的小文里有"拾石雨花,寻诗扫叶"的句子。湖山的情景在我的童心里有着莫大的势力。一种罗曼蒂克的遥远的情思引着我在森林里,落日的晚霞里,远寺的钟声里有所追寻,一种无名的隔世的相思,鼓荡着一股心神不安的情调;尤其是在夜里,独自睡在床上,顶爱听那远远的箫笛声,那时心中有一缕说不出的深切的凄凉的感觉,和说不出的幸福的感觉结合在一起;我仿佛和那窗外的月光雾光溶化为一,飘浮在树杪林间,随着箫声、笛声孤寂而远引——这时我的心最快乐。[6]

湖光山色滋养了少年宗白华丰富而敏感的内心世界。他回忆道,那时候家里人总说他少年老成,其实当时他并没有念过什么书,也不爱念书,更没有听过读过诗,但自己内心十分喜好幻想,充满着奇异的梦与情感。

第二节　少年诗心

青岛的半年没读过一首诗,没有写过一首诗,然而那生活却是诗,是我生命里最富于诗境的一段。

——宗白华:《我和诗》,载金雅主编、欧阳文风等选鉴《宗白华哲诗人生论美学文萃》,中国文联出版社2017年版,第219页。

少年的宗白华,如同初升的朝阳,跃跃欲试,想把自己满腔的暖意、积蓄的能量和蓬勃的诗意,尽情地向这个世界释放。

一、青岛的海风

1912 年,十五岁的宗白华入读金陵中学。少年时代的宗白华心思敏感而又早慧,锐敏的情绪受到外界的一丝波动,就能激荡起一片浪潮。金陵中学新式的教学方式,令宗白华在这里如鱼得水,尽情地吸收着新的知识和养分。但半年后,一场不期而至的重病,中断了宗白华在金陵中学的学业。医生诊断这种病是"时瘟",人患上此病,呕吐不止,腹泻不断,宗白华的体重一天天下降。宗父爱子心切,遍求金陵名医,好不容易才使宗白华恢复过来。可是,病来如山倒,病去如抽丝,病虽痊愈,但宗白华的身体还是羸弱。为了调养生息,放松身心,1913 年,宗白华来到了北方山东的海滨城市——青岛。

青岛此时正被德国占领。1897 年 11 月 1 日,山东发生"巨野教案"事件,德国以此事为借口侵占胶州湾。11 月 13 日,德国远东舰队武装登陆青岛,驻防清军在朝廷的旨意下,未做任何抵抗便匆匆撤离,青岛由此沦陷。12 月 17 日,德军全部占领胶澳(青岛)。1898 年 3 月 6 日,清政府与德国签订了《胶澳租借条约》,将胶州湾及南北两岸租给德国,租期九十九年。德国占领青岛后,想要将青岛打造为德国在远东的军事根据地、远东舰队的停泊地,因此在青岛的建设方面,可谓下了功夫。一方面,修建排水系统,重新规划城市设计,建立基础设施,修筑胶济铁路,这在客观上促进了青岛的城市建设与工业化;另一方面,打压华人,采取严苛的税收,低价收购青岛周边土地,致使许多平民百姓流离失所,苦不堪言。同时,德国人也在青岛办学,开展新式教育。到青岛后,宗白华在亲戚的介绍下,进入德国人办的青岛特别高等专门学堂预科班学习德文。

青岛气候宜人,风景秀丽,三面环海,一面靠山,处处洋溢着浓厚的海滨风情。宗白华自小生长在烟雨氤氲的江南水乡,来到青岛初次看到了一望无垠、广阔壮丽的碧海蓝天。大海时刻翻涌着、跃动着,奔腾不息。清爽的海风拂过,抚摸着每一个看海人的心灵。站在海岸远眺,不见尽头的海面,浩博宽广。海鸥在天空中飞翔高啼,远处的船只扬帆搏浪。宗白华深爱青岛的海。清晨,他喜欢看着从大海远处翻涌而来的潮水,拍打在焦黑的岩石上,腾起无数白色的浪花。傍晚,他喜欢踱步在金黄细软的沙滩上,在海鸟的啼声中,眺望远方赤红的落日坠入海的尽头。天晴时,他感受着海边和煦的微风,远眺水天一色的湛蓝海面上,点点帆船缓缓驶向天边的白云。起风了,他感受着遮天蔽日的雾气,天空密布的阴云,灰暗的海水,狂风撩起的层层怒吼的巨波。

每每来到海边,宗白华都有新的感觉与体验。他回忆道:

> 十七岁一场大病之后,我扶着弱体到青岛去求学,病后的神经是特别灵敏,青岛海风吹醒我心灵的成年。世界是美丽的,生命是壮阔的,海是世界和生命的象征。这时我欢喜海,就像我以前欢喜云。我喜欢月夜的海、星夜的海、狂风怒涛的海、清晨晓雾的海、落照里几点遥远的白帆掩映着一望无尽的金碧的海。有时崖边独坐,柔波软语,絮絮如诉衷曲。我爱它,我懂它,就同人懂得他爱人的灵魂、每一个微茫的动作一样。[7]

大海在宗白华眼中多姿而旖旎、缱绻而多情,激起他心中翻跹的情致和无尽的诗意。在青岛这段时间,宗白华虽未读一首诗,也未写一首诗,但他认为,在青岛的半年,是自己"生命里最富于诗境的一段"。少年的心,犹如青岛的海,纯净而空明,任由海风轻拂,留下美丽的痕迹。

青岛的海风,拂动过宗白华的心弦,拂去了病痛带给身体的摧残,然而由病痛而带来的体验、感思、怅惘,却隐隐沉淀到了他的精神深处,让他触摸了生命的脆弱与悲困。《红楼梦》中,少女时的林黛玉,曾在风刀霜剑严相逼的环境下,感叹"天尽头,何处有香丘"!少年时的宗白华，面对这一段时期的伤痛，内心同样有着难言的惆怅和哀伤。后来宗白华在德国时，曾在寄给朋友张闻天的信中，坦言自己是经过极大的痛苦的。[8]当我们回溯宗白华的心路历程，年少时的这次疾病，或许是其中一个重要的节点。朱光潜说："悲惨印象感动心弦之后，心才愈加敏捷，受艺术的浸润力也愈加强大。"[9]在青岛的半年，因为身体的病痛，宗白华更愿意寻找自然中的惬意；因为心底的哀愁，他更愿意在海风中放飞思绪。青岛的海风海浪，仿佛一注甘泉，为少年宗白华细腻感伤的心灵中，悄悄沁入了一缕澄明的诗光。

二、坎坷求学路

清朝末年，科举制度慢慢没落，传统八股教育模式下的人才只知"之乎者也"，面对西方先进科技浪潮时只能束手无策，腐朽落后的教育制度严重制约了国家教育的发展。这时清廷也着眼于教育改革，"废科举，兴学堂"，于是全国各地新式学堂纷纷设立，青岛特别高等专门学堂便是在这个时代背景下设立的。

青岛特别高等专门学堂由中德合办，办学经费和校内事务主要由德方提供，1909年11月1日正式开学。作为青岛第一所真正意义上的高等学府，青岛特别高等专门学堂在学制的设置上有着特别之处，分为预科班、本科班两级，预科班相当于中学，本科班属于大学，设置法政、医学、农林、工艺四科，预科毕业后可直接升入本科。学校的所有专业课程，均使用德文教材，因此熟练掌握德语的话，自然会在这所学校里更为得心应手。这所学堂，采用新式教育制度，学术空气自由。年轻的学生，热情奔放，追求进步，追求新生的理想。1912年9月28日，革命先驱孙中山曾来到青岛考察，当时德国总督视革命如洪水猛兽，命学堂的"监督"拒绝孙中山前往学校讲演。这引起了进步学生的强烈不满，学生们义愤填膺，纷纷罢课以示抗议，当局不得不做出让步。最终，孙中山在学生们的掌声中，走上了学堂的讲堂，号召学生为中华民族的未来努力。

宗白华在青岛养病期间,由亲戚介绍来到这所学堂,在预科班学习德文。在这所德语学校中,或许是德意志民族独特的理性哲思气息和自由思想品格给予了宗白华莫大的浸润,宗白华日后品读德国哲学思想、踏上德国求学之路,与这段经历不可分割。但是这所对宗白华的人生历程产生独特影响的特别学堂,从成立到解散,仅仅只有五年时间。1914年,第一次世界大战爆发,同年日本占领青岛,德国在青岛的殖民统治宣告结束。青岛特别高等专门学堂这所由德国人主办的高等学府,也在战火中解散。

1914年夏天,宗白华在战火中离开青岛前往上海。此时宗白华的外祖父方守彝和宗白华的母亲、弟弟已经移居上海。秋天,经伯父宗伯皋介绍,宗白华转至德国人创办的同济德文医工学堂。同济德文医工学堂最早可追溯到1907年6月3日由德国医生埃里希·宝隆在上海创办的德文医学堂,1908年德文医学堂改名为同济德文医学堂。同济,意为用现代医学造福人类。1912年,同济德文医学堂与创办不久的同济德文工学堂合并,更名为"同济德文医工学堂",设医、工和德文三科。按照同济德文医工学堂的要求,要先修满四年德文,才能升入大学预科继续深造。宗白华拥有在青岛期间修习德文的基础,再加上自身的努力,其德文成绩一直保持优秀,考试也经常名列前茅,深得当时德国教师Diess Lez的好评。1916年夏天,宗白华从同济德文医工学堂语言科顺利毕业,秋天,升入同济德文医工学堂大学医预科。

1917年,第一次世界大战进入尾声。2月,美国宣布与德国断交,不久对德宣战。上海法租界以同济德文医工学堂是德国的产业,为防止德国人利用该校机械来制造武器为由,宣布解散学校,并限令师生马上离校。为此,社会各界联名致电教育部,请求设法对同济学生作善后安排。当时的北洋政府教育部派人商议将学校迁到吴淞镇,继续开学上课。在搬迁事宜上,梁启超、张君劢和萨镇冰等人都提供了很大的帮助。1917年4月23日,教育部下令学堂改属华人私立学校,由华人董事会办学,成立了完全由中国人组成的同济委员会,负责学校事务。同年 12 月,学校更名为"私立同济医工专门学校"。宗白华与其他同学,得以在这所经历动荡的学校里,继续自己的学业。

世界和国家的动荡局势,牵动着少年宗白华敏感的神经,他的头脑跳出医学,开始思索时事政治、家国命运、人生境遇。在哲学和文学里,宗白华仿佛找到了生命安放的一隅土壤。他沉浸在德国的文学和哲学里,康德、叔本华、尼采的哲思,歌德、席勒、荷尔德林的妙笔,在宗白华的精神世界中,激荡起跨越时空的共振。在这些哲学家、文学家的文字中,宗白华感受到了哲学对终极问题的思辨,美学对世界、对精神、对心灵的剖析,以及文学对世间百态万物的品味。这些纷繁的思绪和意象,感染、启迪、引领着少年宗白华的美学、艺术、哲思的心灵。

1918 年,宗白华从私立同济医工专门学校毕业。他的好学受到学校奖励,赠予他德国古典理性主义哲学创始人伊曼努尔·康德的经典巨著——《纯粹理性批判》。[10]

三、第一次作诗

1914 年,宗白华十七岁。初绽的青春,浪漫的诗情,不时在宗白华的心中荡漾。一叶且或迎意,虫声有足引心。大千世界,一花一叶,都在敏感细腻的宗白华心中泛起涟漪。1914 年正月,宗白华在浙江上虞过年期间曾游览东山。东山又名谢安山,据《上虞县志》记载,东晋名士谢安四十一岁前长期隐居此山。东晋升平四年(360),谢安离开东山从政,成为著名政治家,成语"东山再起"即出于此。唐宋诗人李白、贺知章、刘长卿、方平、苏东坡、陆游等,都曾盘桓其间,留下了不少著名的诗篇。宗白华在东山游览了谢公祠、蔷薇洞、洗屐池、棋亭等名胜,对谢公风流不羁之情心生仰慕,面对历代诗人在此留下的诗篇,他也骤起诗兴,提笔写下了《游东山寺二首有序》、《别东山寺》、《赠一青年僧人》。

游东山寺二首有序

民国三年正月,往游浙江上虞城西南四十五里之东山,即谢安高卧之处。山上有谢公祠,祠后为谢公墓(谢公墓在侧)。山下有洗屐池。山半有棋亭与蔷薇洞,相传为谢公携妓宴欢之地。余到时,适为会渔之期。山下大潭中,渔舟近百,掩映于夕阳影里。余宿山下僧舍,老僧沽酒市鱼,偕余共酌。夜半月出,复攀登谢公祠前,徘徊于双古柏下。追念昔贤风流,如在目前,为之神往。

(一)

振衣直上东山寺,万壑千岩静晚钟。

叠叠云岚烟树杪,湾湾流水夕阳中。

祠前双柏今犹碧,洞口蔷薇几度红?

东晋风流应不远,深谈破敌有谁同。

(二)

石泉落涧玉琮琤,人去山空万籁清。

春雨苔痕迷屐齿,秋风落叶响棋枰。

澄潭浮鲤窥新碧,老树盘鸦噪夕晴。

坐久浑忘身世外,僧窗冻月夜深明。[11]

别东山寺

正月望后别上虞,寒风凛冽,夕鸟孤飞,青峦冷月,与归舟为侣。

游屐东山久不回,依依怅别古城隈。

千峰暮雨春无色,万树寒风鸟独徊。

渚上归舟携冷月,江边野渡逐残梅。

回头忽见云封壤,黯对青峦自把杯。[12]

赠一青年僧人

师是丹霞佛可烧，我从火宅识灵苗。

濠梁始信鱼知水，松岭今看鹤在霄。

汩汩寒潮注江海，微微尘梦续昏朝。

云霾月黑三千界，天遣斯人慰寂寥。[13]

这是宗白华第一次作诗。四首诗的体裁为七言律诗。纵览宗白华一生，所做诗歌多为新体诗，旧体诗创作全部仅有五首。宗白华认为，旧体诗写出来很容易老气，不像十几岁人写出的东西，所以也很少再写旧体诗。宗还有一首旧体诗是抗战时在重庆写的——《柏溪夏晚归棹》：

柏溪夏晚归棹

飙风天际来，绿压群峰暝。

云蠕漏夕晖，光写一川冷。

悠悠白鹭飞，淡淡孤霞迥。

系缆月华生，万象浴清影。[14]

宗白华的五首旧体诗，或散淡，或清丽，或淡寂，或温雅，柔怅而清碧，隐隐透出日后"散步美学"的美意风神。

四、诗心渐蓬勃

1914年夏天，宗白华从青岛移居上海，在转学至上海同济前的一段时间，宗白华居住在外祖父家里。

每天早晨，还在睡梦中的宗白华耳畔，总能响起屋外小花园传来的外祖父高声诵诗的声音，音调沉郁苍凉，叩动宗白华年轻而敏慧的心灵。宗白华偷偷翻看外祖父读的诗集，是陆游的《剑南诗钞》，仰慕外祖父诗情的宗白华也跑去书店买回一本细读。陆放翁的诗词既具现实主义的特点，又有浪漫主义的风格，追求雄浑豪健而鄙弃纤巧细弱，有着气势奔放、境界壮阔的诗风，但在昂扬豪壮中又带着苍凉悲怆，呈现着个人遭际和社会时代的缩影，影现着文人内心的矛盾、苦痛与无奈。放翁诗词中的历史浮沉和文人心境，年轻的宗白华未必都能深味，但外祖父高声诵诗的境象，却深深刻入宗白华的内心。宗白华在1953年填写的《思想改造学习总结登记表》中说："本人外祖父对本人文学趣味有影响。"[15]

同济学习期间，有一次，宗白华在书店发现了一部日本出版的王维孟浩然诗集。他买回来翻读，心里顿生无限喜悦。王、孟以山水田园诗著称，王诗清新淡远、自然脱俗，"诗中有画，画中有诗"（宋·苏轼《东坡题跋·书摩诘〈蓝田烟雨图〉》），有一种"诗中有禅"的意境。孟诗多表达隐居闲适、羁旅愁思，意境清迥，韵致流溢。王、孟的诗境，很合宗白华的诗趣。宗白华一个人在学校附近的田野间散步时，心里常常翻涌着王维的"行到水穷处，坐看云起时"[16]。那时，宗白华也常常与朋友们一起朗诵诗歌。他喜欢朋友们朗诵泰戈尔诗歌时苍凉深情的语调，此时此境，他的脑海中又泛起外祖父沉郁雄劲的诵诗声。浓浓的诗情，跨越时空，时而朦胧哀惘，时而激扬回荡。宗白华回忆道：

> 唐人的绝句，像王、孟、韦、柳等人的，境界闲和静穆，态度天真自然，寓秾丽于冲淡之中，我顶欢喜。后来我爱写小诗、短诗，可以说是承受唐人绝句的影响，和日本的俳句毫不相干，泰戈尔的影响也不大。只是我和一些朋友在那时常常欢喜朗诵黄仲苏译的泰戈尔《园丁集》诗，他那声调的苍凉幽咽，一往情深，引起我一股的宇宙的遥远的相思的哀感。[17]

此时，宗白华与表妹虞芝秀恋爱。虞芝秀的母亲与宗白华的母亲是亲姐妹，虞芝秀的父亲虞仲仁在浙江上虞任职。宗白华中学时曾有两次寒假去上虞过年。

上虞山清水秀，景色怡人，拥有英台故里祝家庄、凤凰山麓大舜庙、"江南第一"曹娥庙、白马湖畔春晖园等一批人文和自然景观。这里丰富且秀美的自然资源，吸引了酷爱山水的宗白华，再加上这里还有自己的所爱之人。心上人的一颦一笑，尽态极妍，挽住了宗白华漂泊无定的心，也拂动着他敏锐缠绵的心。"花灯一城梦，明月百年心"[18]，年轻的宗白华深深陶醉其中，催生着他与"月下的凝思，黄昏的远想"相交织的诗心。

日后回忆这个浙东小城，宗白华有着极其美好的记忆，他赞叹道：

> 那四围的山色秾丽清奇，似梦如烟；初春的地气，在佳山水里蒸发得较早，举目都是浅蓝深黛；湖光峦影笼罩得人自己也觉得成了一个透明体。而青春的心初次沐浴到爱的情绪，仿佛一朵白莲在晓露里缓缓地展开，迎着初升的太阳，无声地战栗地开放着，一声惊喜的微呼，心上已抹上胭脂的颜色。
>
> 纯真的刻骨的爱和自然的深静的美在我的生命情绪中结成一个长期的微渺的音奏，伴着月下的凝思，黄昏的远想。[19]

第三节　哲学启蒙

> 《华严经》词句的优美，引起我读它的兴趣。而那庄严伟大的佛理境界投合我心里潜在的哲学的冥想。我对哲学的研究是从这里开始的。
>
> ——宗白华：《我和诗》，载金雅主编、欧阳文风等选鉴《宗白华哲诗人生论美学文萃》，中国文联出版社2017年版，第219页。

宗白华求学期间虽然学的是医科和德文，但是敏慧多情的他，内心对浪漫的文学和思辨的哲学兴趣颇浓。在同济医工经历变迁之后，宗白华已经无心学医，他更愿意徜徉在哲学、文学的海洋中，寻觅精神的栖息之所。

一、耳边飘来诵经声

1914年秋天，十七岁的宗白华来到上海同济读书，同房间的一位朋友信佛，常常盘着腿坐在床上朗诵《华严经》。《华严经》全名《大方广佛华严经》，是大乘佛教重要经典之一。《华严经》内容广博，佛思深邃。宗白华喜欢躺在床上，瞑目静听室友清朗的诵经声。

"若人欲了知，三世一切佛，应观法界性，一切唯心造"，"心如工画师，能画诸世间，五蕴悉从生，无法而不造"，"犹如莲花不着水，亦如日月不住空"……《华严经》悠奥玄美的词句，飘进宗白华耳朵里，常令宗白华心绪翩翩，时有出世之慨。这引起了宗白华极大的兴趣，庄严伟丽的佛思佛理，正与宗白华萦绕心中的对生命、自然的冥想相契。宗白华的家乡安庆，本有"禅宗圣地"之誉，家乡的禅宗文化底蕴一直浸染着宗白华，与室友声声诵读《华严经》的清音撞击，成为宗白华哲思发蒙的一个契机，唤醒了宗白华对精深博大的佛理奥义和灵思智慧的哲学理趣的兴味与思考。

为进一步识达佛理，宗白华曾前往杭州拜谒佛学大师马一浮。马一浮是中国现代著名思想家，与梁漱溟、熊十力合称为"现代三圣"，现代新儒家的早期代表人物之一。马一浮在古代哲学、文学、佛学诸方面造诣精深，被梁漱溟推崇为"千年国粹，一代儒宗"[20]。马一浮还精于书法，合章草、汉隶于一体，自成一家，丰子恺推崇其为"中国书法界之泰斗"[21]。宗白华与马一浮一见如故，相谈甚欢，两人的友谊绵延数十年。宗白华自己认为，马一浮的思想"对本人研究哲学与佛学的兴趣有影响"[22]。

年轻的宗白华开启了对哲学的思考，庄子、叔本华、康德、尼采等中西大哲,逐渐进入宗白华的视野。庄子崇尚自然、自由逍遥、不困于心、不滞于物、游逸洒脱,令心怀高情远致、浪漫赤诚的宗白华倾心。他盛赞"庄子是中国学术史上最与自然接近的人,最富于自动的观察的人,所以也是一个最富创造的思想的人"[23]。

在青岛时,宗白华便开始学习德语,转至上海同济后,他也从未中断德语学习,由德语学习,宗白华关注到德国的文学与哲学。德国人对知识都有强烈的理论化与体系化的冲动,德意志民族衷情于务实理性与概念思辨,近代德国涌现出一大批哲学大家。据说,德国人曾有一句幽默的自嘲:英国拥有海洋,法国拥有陆地,而德国则拥有思想的天空。当宗白华徜徉在这些思想的海洋中,内心常常波澜翻涌,激起无数个灵光乍现的瞬间,仿佛是散落的珠翠,牵引着宗白华灵魂深处的朦胧渴望与遐思。1917 年在同济读书期间,宗白华发表了第一篇哲学论文——《萧彭浩哲学大意》。

二、启迪人生的座右铭

德国哲学与文学的璀璨群星,叔本华、康德、歌德、尼采等,陪伴年轻的宗白华度过了很多个穷究自然、生命、世界、宇宙底里的日日夜夜。宗白华尤其钟爱叔本华与歌德。他有一则座右铭:"拿叔本华的眼睛看世界,拿歌德的精神做人。"[24]

叔本华是宗白华较早接触的哲学家之一。作为德国唯意志论哲学的创始人,叔本华也是悲观主义哲学的代表之一。1819 年,叔本华出版重要著作《作为意志与表象的世界》。他认为,世界的本源是宇宙意志,而我们所感知到的只是表象。表象就是宇宙意志在我们意识里显现的形象。意志与表象是世界的两面,只有意志世界才是根本的。人生幸福的奥妙在于用意志去除欲望,通过构建生命意志的本真意象,由意象超越痛苦。宗白华认为叔本华哲学"含义闳深,颇契佛理"。1917 年 6 月 1 日,宗白华在《丙辰》杂志第 4 期上,发表了处女作《萧彭浩哲学大意》介绍叔本华。这篇文章是继王国维之后,现代中国学界介绍叔本华哲学思想的又一早期重要作品。叔本华的哲学思想,给正处于孤独、迷惘中的宗白华很大的冲击和启示。虽然叔本华式的眼光,未免有一层暗色的悲观滤镜。但这层滤镜,并没有使宗白华走上消极悲观的道路,反而塑铸着他的生命意志,也丰富了他本就积淀了的悲悯情怀。

他在《萧彭浩哲学大意》中写道:

> 依萧彭浩形而上之观察,则其人生观,自不得不悲。一切意志,唯是求生。但此欲无尽,可暂止而不可永息。有所欲者,以有所缺,有所缺而不得,则苦;既得,则为时不久,又觉无聊,无聊亦苦。盖人本体为欲,无所欲,则觉此生如负重也。人之一生,往来于苦与无聊间而已。唯天才能忘其小己,用其心于宇宙观察,或天然风景,或学术文章,或万物之情,或社会人事,唯纯然客观,不动于心,不生私念,然后著之书册,形之歌咏,笔之图画,写之小说,宇宙现象之真,于焉以得,此天才之有益人世者也。至其一己,则能翛然物外,不感人世之苦,惟知识发达。高者,必其意志亦甚强,故往往感情之浓,远超庸常,于诗人可以见之。[25]

冲破小我,无妄无执,强健意志,用心去认识宇宙真理,用情去感受世界万物,将所思所想赋形存留世间,这是天才也是诗人的本分。宗白华在叔本华这里,感受到了对世界、对人生看法的某种契合。

而出生于美因河畔的德国大诗人、大作者歌德,也对年轻的宗白华产生了极为重要的影响。歌德的生命精神和人生境界,犹如一针强心剂注入宗白华的灵魂。他品读着歌德那浪漫不羁、鲜活恣肆的诗歌,感受着歌德生命中对热烈情感的释放、对自由和谐的渴求,以及推动人格跃动前进的无穷无竭的力量。他告诫自己"拿歌德的精神做人"。以歌德的人生精神作为自我的标杆,以歌德的生命品格作为自己的灯塔。在对歌德的观照体悟中,宗白华的胸襟打开了,精神升腾了。在宗白华的一生中,歌德从未褪色,始终在他心中熠熠生辉。

1918年冬天,在少年中国学会的学术谈话会上,宗白华作了《歌德与浮士德》的演讲,将歌德的人生历程与文学作品分享给更多年轻人。

1922年7月27日,在德国留学的宗白华,专门作诗赞美歌德:

题歌德像

你的一双大眼,

笼罩了全世界。

但也隐隐的透出了

你婴孩的心。[26]

仰观星空浩瀚,俯察生命幽微,宗白华在中西哲人的浩瀚思想海洋中润吸养分,准备在人生的征途中启程扬帆。

注释:

〔1〕〔3〕宗白华:《先父受于公逝世讣告》,载《宗白华全集·2》,安徽教育出版社 2008年版,第 379页;第 379页。

〔2〕〔4〕〔10〕〔15〕〔22〕邹士方:《宗白华评传》,西苑出版社 2013年版,第 4页;第 7页;第 10页;第 54页;第 12页。

〔5〕(清)蘅塘退士编,陈婉俊补注:《唐诗三百首》,中华书局 1956年版,第 25页。

〔6〕〔7〕〔17〕〔18〕〔19〕〔24〕宗白华:《我和诗》,载金雅主编、欧阳文风等选鉴《宗白华哲诗人生论美学文萃》,中国文联出版社 2017年版,第 218页;第 219页;第 220页;第 220页;第 220页;第 219页。

〔8〕张闻天:《读〈红楼梦〉后的一点感想》,载《张闻天文集·第一卷》,中共党史资料出版社 1990年版,第 17页。

〔9〕朱光潜:《谈美·文艺心理学》,中华书局 2012 年版,第 344 页。

〔11〕宗白华:《游东山寺二首有序》,载《流云小诗》,安徽教育出版社 2006 年版,第 106 页。

〔12〕宗白华:《别东山寺》,载《流云小诗》,安徽教育出版社 2006 年版,第 108 页。

〔13〕宗白华:《赠一青年僧人》,载《流云小诗》,安徽教育出版社 2006 年版,第 109 页。

〔14〕宗白华:《柏溪夏晚归棹》,载《流云小诗》,安徽教育出版社 2006 年版,第 110 页。

〔16〕(唐)王维著,陈铁民校注:《王维集校注》,中华书局 1997 年版,第 191 页。

〔20〕柴文华:《现代新儒家文化研究》,生活·读书·新知三联书店 2004 年版,第 139 页。

〔21〕汪永江:《马一浮书论思想刍议》,《中国书法》,2015 年第 1 期。

〔23〕宗白华:《读书与自动的研究》,载金雅主编、王德胜选编《中国现代美学名家文丛·宗白华卷》,浙江大学出版社 2009 年版,第 81 页。

〔25〕宗白华:《萧彭浩哲学大意》,载金雅主编、王德胜选编《中国现代美学名家文丛·宗白华卷》,浙江大学出版社 2009 年版,第 105 页。

〔26〕宗白华:《题歌德像》,载《流云小诗》,安徽教育出版社 2006 年版,第 15 页。

寻诗采叶

第二章　美乡俊才

　　什么叫艺术的人生态度？这就是积极地把我们人生的生活，当作一个高尚优美的艺术品似的创造，使他理想化，美化。

　　——宗白华：《新人生观问题的我见》，载金雅主编、王德胜选编《中国现代美学名家文丛·宗白华卷》，浙江大学出版社 2009 年版，第 11 页。

青年宗白华，开始痴迷于文学、艺术、哲学。面对气象万千的自然、风云变幻的世界，他时常叩问自己的内心，试图究诘其底。他说："理性的光，情绪的海，白云流空，便是思想片片。是自然伟大么？是人生伟大呢？"[1]他一边尽情感知，一边深情冥思，既挚诚于感性的真切，又沐浴于理性的明媚。青年宗白华这种独特的精神气质，好似大河开源，钟万千灵气，毓一脉秀澈，一路跳动，奔腾不息。

第一节　与时代奔流

　　我们要创造新少年、新中国，还是从创造"新我"起。

　　——宗白华：《致〈少年中国〉编辑诸君书》，《宗白华全集·1》，安徽教育出版社 2008 年版，第 53 页。

20世纪初,世界时局动荡,一战的雾霭蔓延至中国。血雨腥风、军阀混战、民不聊生。古老的中国犹如瘫卧在沙滩上搁浅濒死的巨鲸。中国需要救亡,需要清醒,需要重振雄风!宗白华与当时热血的年轻人一样,只需要一丝火焰就可沸腾!

一、年轻的"老先生"

那个年代下风起云涌的中国,古老的封建文明尚在苟延残喘,同时承受着来自域外各种新的思潮和"主义"的冲击。东方古国进入了一个前所未有的思想碰撞和观念交锋的时代,在思想思潮涌动的背后,是令人痛心的家国命运。先进的知识分子们胸膛中激荡着救亡图存的信念,西方舶来的"民主"与"科学",让他们看到了一丝曙光。

1915年9月,陈独秀在上海创办《青年杂志》(后改名《新青年》),一场浩浩荡荡的新文化运动在中国大地上开始了。自此,中国社会掀起了一股生气勃勃的思想解放潮流,长期以来封建正统思想的统治地位,受到了前所未有的撼动。新思想的闸门打开了,广大青年被先锋者挽救飘摇中国家的激扬声音唤醒。1919年5月4日,一场以青年学生为主,广大群众、市民、工商人士等共同参与的反帝爱国运动在北京爆发,并蔓延到天津、上海、济南、南京等全国诸多城市,无数青年和民众走上街头,响应这场前所未有的"五四"爱国浪潮。

青年宗白华在时代浪潮中,目睹了列强对中国的撕扯瓜分,看到了北洋政府的懦弱腐败,心中的爱国之情熊熊燃烧。当他看到一列列队伍高举着、晃动着写满大字的旗帜穿过大街小巷,听到青年们振臂高呼着激昂奋进的爱国口号,个人的情思也在汹涌的呐喊声中,震荡起波澜壮阔的万丈豪情。他回忆这段经历说:

"五四"后北京大学许多同学来到南方上海等鼓动罢校、罢市、罢工,我还记得在上海西门外大体育场全市学生及市民大会上看见许德珩、刘清扬在台上大声疾呼,唤醒群众,至今脑中印象犹新,非常兴奋。我会见黄日葵、康白情、陈剑修(他是当时全国学生会主席之一)等人,黄日葵后来成为共产党员、壮烈牺牲了。他是热情多感的广东青年,非常纯洁可爱。[2]

面对家国不堪,哪个年轻人又能在自己的小世界中安然自处?宗白华此刻如万千热血青年一样,怀着对国家的热爱与重振之心,渴望着能以一己之力燃起燎原之火。

此时,全国各地的爱国社团纷纷涌现,少年中国学会便是其中一个瞩目的新文化社团。1900 年,作为戊戌变法的领导者之一的梁启超,写了一篇著名的散文——《少年中国说》。文章歌颂了少年的朝气蓬勃,指出封建统治下的中国是"老大帝国",并殷切盼望"少年中国"的出现,呼唤振奋人民力量的新精神。文章不拘格式,酣畅淋漓,采用了大量的比喻、对比等修辞,具有强烈的鼓动性,彰显了热烈的进取精神,寄托了梁启超对"少年中国"的热爱和期冀。十八年后,受到梁启超《少年中国说》启迪的一群有志于社会改革的青年才俊,萌生了建立"少年中国学会"的念头。

1918 年 6 月 30 日,少年中国学会起始由社会活动家王光祈联络曾琦(慕韩)、张尚龄(梦九)、陈淯(愚生)、雷宝华、周无(太玄)等人,在北京岳云别墅发起。王光祈提出,学会的初衷是建立一个二十世纪的朝气蓬勃的少年中国,少年中国是理想的少年世界的一部分。王光祈又邀请了李大钊作为学会发起人之一。之后,少年中国学会进行了长达一年的筹建。

1918 年冬天,宗白华得上海同济医工学堂的同学魏时珍(嗣銮)引荐,加入少年中国学会的上海分会,参加了筹备工作。1919 年 1月 21 日,王光祈抵达上海与众人商讨工作,与宗白华等人见面。23日,王光祈与上海少年中国学会的众成员在吴淞同济学校举行了首次团体会议。这次会议主要讨论了："一是讨论学会的主义信仰问题，与会者赞成不必统一会员的主义信仰；二是讨论印刷局办法，通过印刷储金简章；三是欢送周无、李璜赴法留学。"[3]此次会议上，王光祈发表了以"少年中国精神"为主题的演讲。王光祈慷慨激昂、催人奋进的演讲，给宗白华留下了深刻的印象。宗白华回忆道："王光祈青年老成，头脑清楚，规划一切井井有条，满腔爱国热情溢于言表，极得我的信任和钦佩。他是少年中国学会的主要发起人之一，我认为他所写的《少年中国精神》是他的心血所凝成的文字，代表他的理想，也代表了'少年中国'初期成立时一些同人的思想。"[4]王光祈的人格魅力和爱国情怀，深深感染了年轻的宗白华，也鼓荡起宗白华对少年中国学会强烈的热忱。

　　少年中国学会上海分会，时常组织会员之间的学术谈话会，大家一起分享新思想新观点，纵横捭阖，气氛热烈。宗白华也参与其中，并于1918年12月19日做了以歌德与《浮士德》为主题的演讲，1919年3月1日做了以康德的空间时间唯心说为主题的演讲。这篇研究康德哲学的演讲，后来修改整理为两篇哲学文章，刊登在北京《晨报》副刊《哲学丛谈》上。一篇发表于1919年5月16日，题目为《康德唯心哲学大意》，副标题为"转载学术谈话会笔记"；另一篇发表于1919年5月22日，题目为《康德空间唯心说》，副标题仍为"转载学术谈话会笔记"。

　　当时学会的《会务报告》经常刊登会员学术谈话会的内容，并在先进青年群体中流传。宗白华对康德的演讲及哲学论说，要义精微，洞见深刻，颇受好评，流传开来后，更是引起了胡适的关注。"五四"前夕，胡适来到上海参加聚会时，提出想要见见对康德颇有研究建树的宗之樾"老先生"，然而人群中站起了一位二十岁出头的年轻人，令胡适又惊又喜，不由对这个崭新的青年团体也刮目相看。宗白华虽说并非少年中国学会的直接发起者，但是在筹备期间显露出过人的哲学素养、思想才气，得到了大家的认可。

经过一年时间的酝酿和准备，1919 年 7 月 1 日，少年中国学会在北京召开总会成立大会，宣布少年中国学会正式成立，最初会员四十二人。大会选举王光祈为执行部主任，陈愚生为副主任，曾琦为评议部主任，宗白华、左舜生、雷宝华、易克嶷为评议员，评议员的职责是在学会内负责推选执行部、编译部和社团杂志《少年中国》的相关成员。大家对宗白华的能力和素养，给予了极大的肯定。

少年中国学会创办了《少年中国》会刊，明确了"振作少年精神，研究真实学术，发展社会事业，转移末世风气"的规约，[5] 秉持"本科学的精神，为社会的活动，以创造'少年中国'"的宗旨，[6] 坚持四条信约：(一) 奋斗、(二) 实践、(三) 坚忍、(四) 俭朴。[7] 当时学会有个规定，凡是有宗教信仰的人、纳妾的人、做官的人均不能成为会员，即使已是会员一旦出现上述情况，也要清退出会。时任北大校长的蔡元培，曾评价说："现在各种集会中，我觉得最有希望的是少年中国学会。因为他们的言论，他们的行动，都质实得很，没有一点浮动与夸张的态度。"[8] 少年中国学会，逐渐发展成为新文化运动中规模最大、影响最大的文化社团。

少年中国学会成立后，宗白华对学会的发展和未来抱有极其深切的热忱和期盼，他心系学会中的各项事务，积极参与学会的建设工作。他不仅是少年中国学会的评议部成员，并且是《少年中国》杂志的骨干。1919 年 7 月，《少年中国》杂志开始按月发行。王光祈、李大钊、康白情、张崧年、孟寿椿、黄日葵等人，都曾担任过杂志的编辑。宗白华也参与其中，学习和承担编辑工作以及印刷出版事宜。

《少年中国》的编辑和作者，多是纯挚的爱国青年。杂志刊发哲学、社会学、宗教学、文学、自然科学的论文，谈论人生观、世界观和社会问题，宣传进步思想，支持"五四"新文化运动和文学革命，发表了大量小说、诗歌、戏剧等新文学作品。田汉的第一部剧作《梵峨璘与蔷薇》、张闻天的剧作《青春的梦》、李劼人的早期小说《同情》，都发表于《少年中国》。《少年中国》坚持"文化运动"、"阐发学理"、"纯粹科学"办刊特色,与"五四"时期其他两种著名刊物《新青年》《新潮》鼎足而三。

这一时期,宗白华将自己的心力和热情投入其中。他既是《少年中国》的主要撰稿人、编辑,也经常参加学会组织的各种讨论会,发表演说与观点。

少年中国学会这个青春的社团和《少年中国》这个热血的阵地,给青年宗白华展开了一个前所未有的尽情表达自己的热情、思想、理想、追求的新天地,鼓动着他的人生风帆驶向更广阔的世界。

二、书写青衿之志

如何建设少年中国学会?如何办好《少年中国》杂志?如何创造新中国、新社会?宗白华积极撰文发表自己的看法。他主张,在当时的时局中,要注重研究"学理",少叙述"主义"。研究透彻科学、哲学、人生观、群学等本质问题,其他政治和社会的相关问题,也会迎刃而解。在《少年中国》第1卷第1期首发刊上,宗白华发表见解说:

> 社会黑暗既已如此,吾人不得不暂时忍辱,专从事于健全无妄之学术,求得真理,将来确定一种健全无妄之主义,发扬蹈砺,死以继之,则不失学会之精神耳。设创始之初,即遭摧残,固属社会之罪,实亦吾人之不智也。故同人等主张月刊文字,暂多研究"学理",少叙述"主义",以求维持学会之巩固,即发阐主义,总注意毋危及学会存亡,审度时势,暂时从权,实至要也。[9]

宗白华关于《少年中国》的办刊理念,得到了王光祈的认同,在同期《少年中国》中,王光祈发表《北京少年中国学会同人致上海本会同志书》予以回应:"惟《少年中国》月刊为本会发论机关,恐外间不察,误认个人主张为本会全体意思,且际此黑暗时代,发表言论,尤应慎重。故北京同人对于上海同志之建议,极表同情。"[10]

在《少年中国》第 1 卷第 3 期中,宗白华再次发文《致〈少年中国〉编辑诸君书》,呼吁要先对新思潮新思想进行系统性的深入研究,而不是仅凭热情和冲动写一番"文学的文字"或"批评的文字"。在研究透彻的基础上,才能传播给更多人,也才能正确地指导现实社会。他呼吁青年:

> 我以为我们鼓吹青年的文字,要具有极明了的学理眼光,同热烈真诚的高尚感情,万不可凭一时的直觉,就随便写了出来,使一班青年盲从,没有学理上的了解。总之,我们鼓吹青年,先要自己可以作青年的模范,具科学研究的眼光,抱真诚高洁的心胸,怀独立不屈的意志,然后做出鼓吹的文字,才可以感动人。[11]

敏慧浪漫的宗白华受德国理性主义哲学的影响,他也追求科学务实的精神。认为要改变中国人传统的思维方式,必须要先大力发展基础学科,从科学、哲学等方面来改造大众的思维模式,进而建设新的"少年中国"。他说:"我们要新就要彻底的新,从实验科学入手,一切主观直觉的思想根本打破","一切趾高气扬的态度,夸大眇视的心胸,都要收敛","还是从实际学术,研究实际事理,从实际社会,考察实际现象。"[12]他期望创造"少年中国",不是靠武力,也不是靠政治,而应该从教育与实业入手,这也受到日本作家武者小路实笃的"新村主义"的影响。

1919 年 10 月 23 日,宗白华在《时事新报·学灯》发表《为什么要爱国——中国可爱的地方在哪里?》,指出:"我们创造新中国正是为着世界的进化,为着人类的幸福,不是浅狭窄陋的国家主义,也不是空荡着的世界主义,是怀抱世界主义的一个切近有效的下手办法。"[13]这种突破狭隘立场的爱国情怀,在宗白华那个年代和他那个年龄,亦是难能可贵的。

在不同人群对社会建设的作用问题上,宗白华显示了自己开明的一面。在《少年中国》第 1 卷第 4 期上,宗白华发表《理想中少年中国之妇女》一文,认为如果妇女人格未能健全,那么"少年中国"也未曾健全。他大力主张妇女接受教育,尤其强调精神教育。他认为健全的人格不能徒有学识,更应该具有高尚的意志和优美的感情,因此他对中国妇女造就高尚健全人格提出的建议是:"(一)崇尚实际人格,不慕虚荣。(二)研究真实学术,具世界眼光。(三)真诚热烈之心胸。(四)优美高尚之感情。(五)强健活泼之体格。"[14] 宗白华认为,妇女在争取社会上政治上的同等权利之前,更应该追求人格上的平等,只有在男女人格皆平等,且高尚健全的基础上,中国社会才能迈向希望之境。

在《少年中国》第 1 卷第 5 期《中国青年的奋斗生活与创造生活》一文中,宗白华指出:真正生活的内容,就是奋斗与创造。"奋斗与创造,如鸟之双翼,车之双轮,绝对不能偏重的。不奋斗,不能开创造的事业;不创造,不能得奋斗的基础。"[15] 他提出中国青年两种奋斗的目的与两种创造的事业:"(A)奋斗的目的:(一)对于自身遗传恶习的奋斗,(二)对于社会黑暗势力的奋斗。(B)创造的事业:(一)对于小己新人格的创造,(二)对于中国新文化的创造。"[16] 宗白华竭力呼唤新的生命、新的精神,呼唤青年的奋斗与创造,去建设一个雄健刚强、热情活力的"少年中国"。

这个阶段,宗白华沸腾着青年人的热血和热忱,跳动着炽热的爱国之心,办学会,办刊物,写文章。当然,年轻的宗白华对建设新社会、新中国的思考,也有着明显的乌托邦色彩和理想主义气质,这和他自幼形成的恬淡静远、深情敏慧的诗人气质相合。

第二节　点亮曙光的"学灯"

你诗中的境界是我心中的境界。我每读了一首，就得了一回安慰。

——宗白华、田汉、郭沫若：《三叶集》，安徽教育出版社 2006 年版，第 8 页。

在宗白华的人生路程中，有一盏"明灯"格外醒目。这盏明亮"学灯"，辉映着青年宗白华的家国情怀、人生理想、宇宙哲思，也照亮了他那深情缱绻的诗意，激扬着一段荡气回肠的友谊。

一、崭露头角的青年主编

20 世纪初，新文化运动浩浩荡荡，新思潮、新思想、新文化从当时的报刊传播至青年大众。宗白华在这个时代浪潮中，逐渐崭露头角。

1918 年 3 月 4 日，《时事新报》的主笔人张东荪创办了副刊《学灯》，进一步宣传新思潮。《时事新报》前身为 1907 年 12 月 5 日在上海创刊的《时事报》和 1908 年 2 月 29 日创刊的《舆论日报》。两报于 1909 年合并，定名为《舆论时事报》。1911 年 5 月 18 日改名为《时事新报》，由梁启超、张东荪主持。清末时，《时事新报》是改良派报纸，宣传立宪政治。辛亥革命后，成为进步党的报纸，随后又转为研究系的阵地。研究系在政治上遭遇一连串失败后，在张东荪的主导下，《时事新报》开始支持并参与新文化运动的宣传。张东荪认为社会革新和文化进步，需要报刊作为传播的媒介，他高度认可报刊对启发民智、推动社会、文化进步的作用。张东荪创办《学灯》，意图进一步开辟一处传播新思想、新文化的阵地。

《学灯》创刊之初为周刊；5 月起每周刊行两期，12 月起每周刊行三期；1919 年 1 月起改为日刊，星期日休刊；12 月起逐日发行。在创刊号上，张东荪提出了《学灯》的创办宗旨："一曰借以促进教育，灌输文化；二曰屏门户之见，广商权之资；三曰非为本报同人撰论之用，乃为社会学子立说之地。"[17]《学灯》在当时颇受好评，曾被誉为新文化运动中的四大著名报纸副刊之一，其他三个分别是上海《民国日报》副刊《觉悟》、北京《晨报》的副刊《晨报副镌》以及北京《京报》的副刊《京报副刊》。

　　张东荪是《学灯》的第一位主编，1919 年 2 月匡僧接任主编，4 月匡因病遂改为俞颂华担任主编，1919 年 7 月 26 日，郭虞裳接替俞颂华，成为《学灯》的第四任主编。一个月后，宗白华应张东荪的邀请于 1919 年 8 月 15 日进入《学灯》编辑部，协助郭虞裳编辑《学灯》。宗白华深厚的学识、可靠的人品、务实的性格备受郭虞裳的赏识。11月中旬，郭虞裳因事外出，于是将《学灯》主编工作交由宗白华。在郭虞裳给沈雁冰（茅盾）的信中，他说："这几天事情太多，打起精神还忙不了。学灯编辑的事，现请定我最敬佩的朋友宗白华先生代理，以后学灯一定可加些光彩了。"[18] 11 月 17 日，宗白华接任郭虞裳之职正式成为《学灯》的第五任主编，此时宗白华二十二岁。次年 5 月，宗白华赴德国留学，主编职位的工作交由李石岑负责。

　　从 1919 年 11 月 17 日到 1920 年 5 月，宗白华担任《学灯》主编六月有余。期间，宗白华大胆开启新的栏目，推进文艺学、哲学、美学，甚至新诗、戏剧在《学灯》上的登场。《学灯》在宗白华主编期间，可以说是经历了一段璀璨的岁月。在 1920 年 1 月 1 日的《〈学灯〉栏宣言》上，宗白华说："本栏以后的主义和理想，简括言之，就是：从学术的根本研究，建中国的未来文化。"[19] 从《少年中国》到《学灯》，宗白华对"学术"的重视，是一以贯之的。他强调"学术是新文化运动的一个重要基础，学术的根本研究是我们创造新文化的重要手续"，要"借着这学术的灯，做我们积极的、基础的、稳固的、建设的新文化运动，这正是本栏取名《学灯》的本意"[20]。

宗白华大胆开放《学灯》栏目门类，许多有才华有志向的青年纷纷给《学灯》投稿，一时间，《学灯》群英荟萃。曾经刊出的有罗家伦翻译英国柏雷博士的《思想自由史》；有郭绍虞翻译的日本高山林次郎编述的《近世美学》；有筑山醉翁（陈筑山）翻译的《名人评传》等。此外，《学灯》大量登载了有关"新生活"、"新村"、"工读互助团"等时兴的话题、思潮以及关于教育、社会、妇女等论题的文章。[21]

宗白华任职《学灯》主编期间，他也积极建立少年中国学会与《学灯》之间的密切关系，大力呼吁少年中国学会会员向《学灯》投稿。当时少年中国学会会员积极投稿给《学灯》投稿的有黄玄、左舜生、田汉、朱自清、康白情、张闻天、王光祈、黄忏华等。对于新文化运动期间的涌现的一些新思潮、新话题，《少年中国》与《学灯》也经常互动。少年中国学会讨论的乡间生活、组织工读互助团、倡导城市新生活等议题，也在《学灯》上引起了一系列的反应和讨论。同样《学灯》也将少年中国学会和《少年中国》的相关动态及信息引入到《学灯》，促进沟通交流。

二、才华横溢的撰稿人

从 1919 年 8 月至 1920 年 5 月，宗白华在《学灯》前后共发表文章近二十篇。这些文章既有哲学、美学、文学的，也有论说时事的。

新文化运动中，青年知识分子在新思潮的冲击中，对一切传统思想、文化、价值都进行了新的思考和展望。浪尖中的人们，应该怀着怎样的爱国情操、秉持怎样的思想方法、坚守怎样的文化精神、体现怎样的人生价值，是当时的有志之士共同思考的。

1919 年 10 月 23 日，宗白华在《学灯》发文《为什么要爱国——中国可爱的地方在哪里》，呼吁要将目光落到现在和未来，从旧中国创造新中国，推动世界的进化。他说："我们发挥爱国心重要的目的，是在祖国的现在与将来，不在过去，过去的历史虽足以助进我们的民族自觉，但不是我们爱国的主要目的。我们不是纯为祖国过去历史而爱国,乃是为着祖国将来的进化而爱国。我主张以爱国的目的做爱国的动因,目的是在未来而不在过去的。"[22] 从这种眼光出发,他认为可爱的中国,在于可以创造。他说:"我们可爱的中国不在过去,不在现在,而在未来。我们可爱的中国不是已有,还须创造。我们亲手备历艰辛创造出来的新中国,才是我们真正可爱的国家。我们的真爱国心是从经历中得的,是从磨练中得的,是从困苦中得的,不是遗传的心习,不是耳闻的权利,不是思想推理,是亲身体验。所以我对于'我们为什么要爱国?'的答语就是'我们因为有创造新中国的责任,所以要爱国'。我对于'中国可爱的地方在哪里?'的答语就是:'现在的中国还有与我们创造新中国的机会,这就是中国可爱的地方。'"[23] 宗白华又进一步发问:我们为什么要创造新中国?他站在一个更宏阔的视野来回答这个问题:"我们创造新中国正是为着世界的进化,为着人类的幸福,不是浅狭窄陋的国家主义,也不是空荡着的世界主义,是怀抱世界主义的一个切近有效的下手办法。"[24]

1919 年 11 月 18 日,宗白华在《学灯》上发表《"实验主义"与"科学的生活"》,他认同胡适"实验主义"的精神与态度,进一步提出创设"科学实验室",在科学试验室中研究学理,磨练思想。倡导全国学校自高小以上,都要量力筹设科学试验室,实行科学的试验。高小以下的学校可以设在田野左右,引导学生注意自然现象,培养观察研究的眼光。

1919 年 11 月,宗白华在《学灯》上组织了一场关于恋爱自由与婚姻自由问题的讨论。新文化运动时期,随着"民主"、"科学"、"自由"、"平等"观念的渗透,个人价值和主体性的觉醒成为那个年代的标志之一。其中,基于封建观念的婚姻包办问题成为广泛讨论和质疑的热点之一,"恋爱自由"、"婚姻自由"成为许多知识分子积极争取的"权利"。在新旧观念的交锋中,往往对一个问题莫衷一是。宗白华在《学灯》上开设了"一个问题的商榷"专栏,希望引起理性讨论,引导人们正确看待恋爱、婚姻的问题。一时间,激起了热烈反响,投稿纷至。宗白华自己也对这个问题提出了想法。1919 年 11 月 23 日，在《关于"一个问题的商榷"讨论结束时的编者按语》中，宗白华赞同"婚姻须建立于自由恋爱的原理的上面"[25]，同时主张要按照每个人所处的环境以及自身的性情思想，根据自己的实际情况来解决恋爱与婚姻的具体问题。他呼吁改变旧传统恋爱与婚姻观，是青年所应共同担负的社会责任，应"竭力发挥自由恋爱的真谛，反对代定婚姻的恶习，引起一班青年男女的觉悟及旧习父母的反省"[26]。他憧憬道："我们纵然自身不能享得这种幸福，只要保守着这种观念，步步进行，时时发挥，我们将来的社会——我们就是他们的父母！——总可享这种婚姻自由的幸福了。"[27]

这段时期，宗白华与陈独秀之间，有一段小插曲。1920 年 1 月 1 日，陈独秀在《学灯》上发文《告上海新文化运动的诸同志》，主要针对 1919 年 9 月 15 日宗白华在《少年中国》上发表的《致〈少年中国〉编辑诸君书》一文提出批评。宗白华这篇文章批评当时一些杂志充斥着"文学的文字"和"批评的文字"，"只能够轰动一般浅学少年的兴趣，作酒余茶后的消遣品，于青年的学识见解上毫不增益，还趾高气扬的自命提倡新思潮。"[28]对此陈独秀批评道："像那德国式的歧形思想，一部分人极端的盲目崇拜自然科学万能，造成一种唯物派底机械的人生观；一部分人极端的盲目崇拜非科学的超实际的形而上的哲学，造成一种离开人生实用的幻想；这都是思想界过去的流弊，我们应该加以补救才是；若是把这两种歧形思想合在一处，便可算是'中学为体西学为用'底新注脚了。"[29]面对陈独秀的质疑和批评，宗白华在 1920 年 1 月 3 日《学灯》上发文给予了回应，他重申自己的办刊理念，强调"学理"和"科学"的精神："（一）我们以后发表一篇文字，都要有学理的价值，不可以凭着个人直觉的见解，随便发挥。（二）我们以后的文字，都要有'科学的精神'。我们要用科学的方法研究各种社会问题。（三）我们要打破中国人的文学脑经，改造个科学的脑经。"[30]但宗白华并没有因为这件事而对陈独秀产生忿怼之心，在他看来，只有思想的碰撞才能推动观念的更新。1932 年 10 月，陈独秀第五次被捕，在南京监狱中度过了四年零十个月。1937 年，宗白华和胡小石专门去狱中探望陈独秀，并在当时他所主编的《学灯》上刊发了陈独秀的文章。1942 年 5 月 27 日，陈独秀逝世，宗白华在 7 月 13 日的《学灯》编辑后语中说："陈独秀先生晚年的学者风度，与政治家的人格，是编者所衷心钦佩的。近患微疾，遽尔逝世，学者死于未完成的著作之前，如战士死于战场，令人有崇高的悲壮之感。"[31]

1920 年 1 月 22 日，宗白华在《学灯》发表《我对新杂志界的希望》，指出目前新杂志存在千篇一律、内容类似的问题，究其原因不在于"量"，而在于"质"，提议"以后的新出版品，每一种就有一个特别的目的，特别的范围"[32]。1920 年 3 月 5 日，宗白华在《学灯》发表《对于"新上海建设"的一点意见》，提出了精神文明对城市建设的重要性。当时的上海是中国东南乃至全国最大最著名的城市。宗白华认为，即便上海在当时可以算得上"世界都市的第一二流"，但也仅仅局限于物质方面，在精神文明建设上，上海"连欧美第三四等的城市还比不及"，呼吁"新上海建设"，"不可仍旧专重物质文明的发展。要知道物质文明虽是精神文化底基础，而精神文化却是物质文明底目的。我们要把新上海不只做中国物质文明的名城，还盼望他同时做精神文化的中心"[33]。

1920 年 1 月 17 日，宗白华在《学灯》发表《我对翻译丛书的意见》，强调翻译的最初一步，就是研究透彻各个学说根本的原则与学理。1920 年 4 月 12 日，宗白华在《学灯》上发起对外文译名的讨论。新文化运动期间新思想新学说不断涌入，翻译外国的学术书籍就成了当务之急，但其中一个重要的问题就是译名。宗白华指出，不仅中国文学的结构和文法的结构与西方大不相同，更关键的是中国几千年传下来的旧传统旧思想与西方近代起源于科学的新思想新观念相摩相戛。"我们若把这种旧名词来翻译一个西洋学说上的新思想，简直好像拿一件中国古代的衣冠,套在一个簇新式的欧洲人身上,变成一个莫名其妙的现象。这种现象最容易引起人的观念上的紊乱与误会。"[34] 故此,宗白华将译名问题分为两个方面:"(一)拢总地讨论译名的根本办法:就是我们讨论译名是应当译意,还是译音,还是创造新字?(二)单独地讨论单个名词的译法。譬如我们讨论'Pragmatism'这个名词究竟应当是译作'实验主义',还是'实用主义',还是'实际主义',还是译音,还是创造新字?"[35] 就这个问题,宗白华在《学灯》上特辟专栏进行讨论,一时间大家纷纷各抒己见,畅所欲言。4 月 30 日《学灯》上刊登《沈雁冰致宗白华函》,沈雁冰认为除译名之外,还有一个译书问题,而且译书与译名一样重要。译名如果有不妥之处,可以注个原名,而译书却不能如此。所以沈雁冰发问:译书是该完全直译呢?还是该缩简了译呢?这封信中,沈雁冰提到宗白华曾与他讨论翻译问题时谈到"述而不译",沈雁冰说:"我记得你对我说过你的'述而不译'主义,我于今一想,这主义实是不错。二年前少有人谭起译书,过去的一年中,却又无人不谭,口口声声我是直译,我是介绍,而试验的结果,其弊已是如此了,所以想起来不由的不赞成你的'述而不译'。"[36]

宗白华对新思潮新观念持开放的态度,但他不是人云亦云、随波逐流,而是以科学、理性、务实为准则。宗白华发表在《学灯》一系列文章,显示了他的才华、才情,也可见出他的社会理想、价值观念、处事态度。

三、发现郭沫若

中国自古就是诗的国度,从《诗经》始,古典诗歌用生动的意象和美妙的音节、声调、韵律,呈现中国人的社会生活、思想观念、文化风俗、精神情感。晚清以降,中国大门被迫打开,西方文化汹涌而入,新旧文化激烈交锋。梁启超、夏曾佑等率先发起"诗界革命"。1918 年 1 月,《新青年》第 4 卷第 1 号提出"白话诗"的新概念,与古体诗截然不同的新诗体出现。新体诗以反叛传统、标举革新的姿态出现,得到了胡适、刘半农、沈尹默等一批青年知识分子的呼应。

"五四"时期的中国文学,是20世纪上半叶中整个世界文学中最具朝气的一部分。《学灯》是这个潮头的一个阵地。1919年8月15日,《学灯》开辟"新文艺"一栏,广纳良稿,发表新文学作品。宗白华作为浪潮中的一份子,高举新文艺、新体诗的旗帜。他对新诗充满着浓厚的兴趣和热情,认为新诗是新文艺最具代表性的形式。

1919年9月的一天,宗白华翻阅着从五湖四海投来的稿件,一份来自日本福冈的信件吸引了他的注意。信件内容是一位日本留学生所做的新诗,诗作浪漫动人,清丽淡远,拨动了宗白华的心弦。宗白华看着"沫若"这个署名,异常欣喜,这个来自异国陌生的名字让他的诗心再次震颤起来。他赶忙将这位留学生的诗作推荐给郭虞裳,并要求刊登在《学灯》上。于是,1919年9月11日,两篇署名"沫若"的新诗在《学灯》上刊登,一首为《鹭鸶》,另一首为《抱和儿浴博多湾中》。

当时的郭沫若,受到泰戈尔的影响,写了很多新诗。但当时中国的文学界鲜有新体诗在报纸杂志上刊登,郭沫若屡屡碰壁,投出去的诗作始终没有回音。此时在日本读书的郭沫若与同学组织了一个小团体——夏社,小团体负责搜集日本报刊上侵略中国的文字,并翻译成中文寄回国内。为了了解国内报刊情况,郭沫若订阅了上海的《时事新报》,在《时事新报》上,他在副刊《学灯》的"新文学"专栏上,第一次发现了中国的新体诗,当时他所读到的是康白情的《送慕韩往巴黎》。看到白话体的诗歌在《学灯》上变成了铅字,郭沫若心中的火苗又顿时跳动起来,他赶忙将自己的诗作寄往《学灯》,没想到,两首诗作很快就被刊发出来。郭沫若心中这种被肯定的心情不言而喻,这种心情随即转化为一种动力,使他在诗歌创作的道路上更坚定。

宗白华再度点燃了郭沫若的创作欲望,于是这股诗情一发不可收,一篇篇诗歌从东洋蕞尔岛国,跨越东海,飞往中国上海《学灯》编辑部里,变成一个个散着墨香的铅字,在无数青年的手里传递着,口中朗读着,心里滋润着。1919 年 9 月至 11 月,宗白华任《学灯》编辑期间,《学灯》上频频出现这位叫"沫若"的年轻人所挥洒的浪漫文字。这一时期郭沫若发表在《学灯》上的诗就有十二首,包括《死的诱惑》、《新月与白云》、《Faust 钞译》、《两对儿女》、《某礼拜日》、《梦》、《火葬场》、《晚步》、《浴海》、《胜利的死》、《黎明》、《辍了课的第一点钟里》。

宗白华与郭沫若不仅有对诗歌的共鸣,两人在其他学术问题上也颇有默契。1919 年 11 月 27 日,宗白华发表《中国的学问家——沟通——调和》,文章指出中国学者在做学问中有两种习惯——沟通与调和。这两个习惯在近代欧美学说传入中国后依然如此,遇到一种西方学说就先寻找中国传统学问中的一套去削足适履,而不去深入研究其中学理。宗白华认为:"我们须向着真理的真面目上去观察,不必把古人的陈说来沟通调和,数量比较,想从这个中间得出一个真理来。但是我并不是说诸君从此就不必去研究古今中外的学术,我的意思希望吾国学者打破沟通调和的念头,只要为着真理去研究真理,不要为着沟通调和去研究东西学说。"[37] 1919 年 11 月 27日,郭沫若在给宗白华的一封长信中谈道:"我也是主张'只为着真理去研究真理'的人。我以为我们研究一个人(尤其是我国古人)思想,我们所当考索的范围:(一)其思想之真相;(二)其思想之发生史的研究及在思想史上的位置;(三)其思想与其个性间相互之关系;(四)其思想与其环境间相互之关系。如是而已。说到'沟通',说到'调和',便是蛇足!"[38] 1920 年 1 月 30 日,宗白华回信给郭沫若,表示非常认同郭沫若的观点。两个身处异国的人,靠着共同的浪漫诗情和学术理念,就这样建立起深厚的友谊,从此二人的信件往来更加频繁。宗白华更加鼓励郭沫若的诗歌创作,郭沫若每每有新的作品,也都会寄给《学灯》。

1920 年 1 月,《学灯》取消"新文艺"一栏,专门开辟"新诗"栏目,这个栏目可以说是专门为郭沫若设立的。郭沫若曾回忆道:"在民

八、民九之交的《学灯》栏，差不多天天都有我的诗。"[39] 有时,《学灯》甚至用"新诗"栏整个版面发表郭沫若的诗作。如1920年1月的《学灯》一共出现四次"新诗"栏目,刊登的全部是郭沫若的诗歌。郭沫若的诗兴,就像一串被点燃的鞭炮,噼里啪啦火花四射。郭沫若被后人称颂的新诗,如脍炙人口的《地球,我的母亲》、《凤凰涅槃》、《天狗》、《日出》、《光海》等,都是这个时期出现在《学灯》上。此时的郭沫若,还未被大众所熟知,而《学灯》如此大量刊发一位新人的作品,这在中国的报刊史上,绝对是非常罕见的。

随着诗作的刊发,郭沫若也得到了大家的赏识。1920年1月19日,《学灯》刊出沈泽民给宗白华的信,信中沈泽民大力称赞郭沫若的诗,还叮嘱宗白华向郭沫若多要几首诗来发表。闻一多也称赞道:"若讲新诗,郭沫若君的诗才配称新呢,不独艺术上他的作品与旧诗词相去最远,最要紧的是他的精神完全是时代的精神——二十世纪底时代的精神。"[40] 郭沫若的新诗,不仅在于体裁之新,更在于时代精神之新。而对于发现了这匹"千里马"的宗白华来说,他的独到之处更是难以比喻的。宗白华的深情、敏锐、哲思、开明,都构成了"伯乐"的慧眼。郭沫若是"诗",宗白华也是"诗"。

宗白华对郭沫若欣赏至极,他给同样在日本留学的好友田汉写信:"我近有一种极可喜的事体,可减少我无数的烦恼,给与我许多的安慰,就是我又得着一个像你一类的朋友,一个东方未来的诗人郭沫若。"[41] 他将郭沫若介绍给田汉认识:"我已写信给他,介绍他同你通信,同你做诗伴,你已知道了么? 我现在把他最近的一首长诗和寄我一封谈诗的长信寄给你看,你就知道他的为人和诗才了。"[42] 信中宗白华还表示,郭沫若的诗使他在烦闷、机械的生活中得以松弛,予以安慰。

宗白华与郭沫若经常通信,两人谈论诗歌,谈论人生、谈论理想。郭沫若新的诗歌灵感、想法都会毫无保留地写给宗白华,宗白华也会毫不吝啬地表达他对郭沫若的欣赏和喜爱。在给郭沫若的信中,宗白华坦言自己对郭诗喜爱至极,每次读后深得安慰,二人虽未见面,但神交已久,郭诗境界正契己意。宗白华动情地对郭沫若说:"我心中常常也有这种同等的意境,只是因为平日多在'概念世界'中分析康德哲学,不常在'直觉世界'中感觉自然的神秘,所以虽偶然起了这种清妙幽远的感觉,一时得不着名言将他表写出来。又因为我向来主张我们心中不可无诗意诗境,却不必一定要做诗;所以有许多的诗稿就无形中打消了。现在你的诗既可以代表我的诗意,就认作我的诗也无妨。你许可么?"[43]宗白华对郭沫若诗歌的喜欢,可以说到了有点狂热的地步。他甚至在信中说:"我很希望《学灯》栏中每天发表你一篇新诗,使《学灯》栏有一种清芬,有一种自然 Natur 的清芬。"[44]

作为郭沫若诗歌的伯乐和知音,宗白华经常毫无保留地跟郭沫若分享读诗的真实感受。对《凤凰涅槃》与《天狗》这两首,宗白华谈道:"你的凤凰正还在翱翔空际,你的天狗又奔腾而至了。你这首诗的内容深意我想用 Pantheistische Inspiration 的名目来表写,不知道对不对?""你的凤歌真雄丽,你的诗是以哲理做骨子,所以意味浓深。不像现在有许多新诗一读过后便索然无味了。所以白话诗尤其重在思想意境及真实的情绪,因为没有词藻来粉饰他。"[45]同时,宗白华也会直接提出自己的意见。如他说:"你《天狗》一首是从真感觉中发出来的,总有存在的价值,不过我觉得你的诗,意境都无可议,就是形式方面还要注意。你诗形式的美同康白情的正相反,他有些诗,形式构造方面嫌过复杂,使人读了有点麻烦(《疑问》一篇还好,没有此病);你的诗又嫌简单固定了点,还欠点流动曲折,所以我盼望你考察一下,研究下。你的诗意诗境偏于雄放直率方面,宜于做雄浑的大诗。所以我又盼望你多做像凤歌一类的大诗,这类新诗国内能者甚少,你将以此见长。但你小诗的意境也都不坏,只是构造方面还要曲折优美一点,同做词中小令一样。要意简而曲,词少而工。这都完全是我直觉的感想(实在告诉你,我平生对于诗词的研究简直没有做过,我从来没存过想做诗的心,对于文学诗学的见解全凭直感,不能说出实在的根据)。你觉得怎样,请你把自己的意思也老实地告我,我这偶然的感觉恐靠不住。"[46] 可见,宗白华对郭沫若是非常坦诚的,体现了坦荡真诚的君子之风。

宗白华热爱歌德,对《浮士德》也颇有兴趣。有次他写信给郭沫若:"我今天又偶然翻 Faust 来浏览,他那 Prolog im Himmel 真好极了。你愿意把他译出来么?可试验一下。若译了出来就好极了。"[47] 郭沫若的文学造诣不必多说,翻译好之后即寄宗白华。宗白华收到译文后,喜不自禁,细细品读。在回复郭沫若的信中,他叹道:"光海诗意境艺术皆佳,又见进步了。《浮士德》诗译我携到松社花圃绿茵上仰卧细读,消我数日来海市中万斛俗尘,顿觉寄身另一庄严世界。"[48]

纯粹的友谊,是心灵的共鸣,是精神的陪伴,这种情谊无关物质利益。物质利益在这份情谊面前,显得粗俗鄙陋。关于钱财,二人也有过一段故事。郭沫若的新诗在《学灯》上一经发表,就引发广泛的阅读狂潮,《学灯》的销量也随之上涨。宗白华有一次寄付给郭沫若稿费,郭沫若询问:"你前函说报馆要与我汇墨洋若干来,不知道是什么名义。是给我的报酬么?我寄上的东西,没一件可有当受报酬的价值的。我的本心也原莫有想受报酬的意志。白华兄!你若爱我时,你若不鄙我这恶晶罪髓时,我望你替我把成议取消,免使我多觉惭愧罢!"[49] 宗白华复信:"《学灯》得了你的诗,很增了许多色彩,报馆里拿一点极鄙俗的物质,报酬你的极高贵的精神,本嫌唐突,但究竟是个小问题,无关重要。"[50] 这一番对话,足以见二人在精神上的契合与共鸣,钱财利益在纯洁高贵的精神面前微不足道。

宗白华的赏识,给了郭沫若诗歌道路上莫大的动力。在这段时间里,郭沫若可以说是竭力将自己的才华与热情贡献给《学灯》,他回忆这段时光:"说来也很奇怪,我自己就好像一座作诗的工厂,诗一有销路,诗的生产便愈加旺盛起来。在 1919 年与 1920 年之交的几个月间我几乎每天都在诗的陶醉里,每每有诗的发作袭来就好像生了热病一样,使我作寒冷,使我提起笔来战颤着有时候写不成字。"[51] 在回复宗白华的信中,郭沫若激动地说:"我的诗真是你所最爱读的吗? 我的诗真是可以认作你的诗的吗? 我真欢喜到了极点了!""总之我是最爱《学灯》的人,我要努力,我要把全身底血液来做《医海潮》里面的水,我要把全身底脂肪组织来做《学灯》里面的油。"[52]

这批发表在《学灯》上的诗歌,在 1921 年郭沫若回国后择出大部分优秀之作,结集为诗集——《女神》出版。这本诗集是中国新诗革命先行和纪念碑式的作品,影响了中国现代诗歌史乃至文学史的发展。郭沫若说:"民七民八之交,将近三四个月的期间差不多每天都有诗兴来猛袭,我抓着也就把它们写在纸上。当时宗白华在主编上海《时事新报》的《学灯》。他每篇都替我发表,给予了我以很大的鼓励,因而我有最初的一本诗集《女神》的集成。"[53]

1920 年 5 月,宗白华赴德留学,《学灯》主编由李石岑担任。李对新诗无甚大兴趣,刊登的新诗也少了,郭沫若的诗兴也随着宗白华的离开而褪减。1920 年 8 月 24 日郭沫若给陈建雷的信中坦言:"我自宗白华去后,许多时不做诗了。白华是我的钟子期呀! 所以《时事新报》上久不见我的诗。"[54] 然而,宗、郭二人的情谊,却如磐石般留存了下来。

嘤其鸣矣,求其友声。宗白华与郭沫若,恰如这般,与诗共翱翔,一字一句,万种悠扬,高山流水相倾赏。

第三节　肝胆相照的三人

"三叶"是指一种三叶蠹生的植物，我们用做三人友情的结合的象征。

——宗白华、田汉、郭沫若：《三叶集》，安徽教育出版社 2006 年版，第 106 页。

1920 年 1 月至 1920 年 3 月，宗白华在上海编辑《学灯》，郭沫若与田汉此时在日本留学，郭沫若在福冈，田汉在东京。宗白华写信将郭沫若介绍给田汉，郭沫若和田汉也开始通信成为好友。这段时间里，宗白华、郭沫若、田汉三人间经常"飞鸽传书"，以书信传递彼此的心意，倾吐对艺术、文学、哲学、社会、人生的想法，向远方的知己诉说内心的苦闷与澎湃。这些书信，后被整理成《三叶集》。《三叶集》镌刻了那个年代三位心灵如火般炽热、思绪如海潮般汹涌的青年人的识智、心灵与理想，久久地辉映在时代的长河中。

一、友情跨越山河

少年中国学会自成立后，在全国乃至全世界都设有分会。当时宗白华是上海分会会员，田汉是东京分会会员。身处异地的二人，为了共同的少年中国的崇高理想，彼此产生了敬佩与仰慕之情。

1919 年夏，正在东京高等师范学校读书的田汉趁暑假回国探亲，经过上海时拜访了宗白华，宗白华也曾去旅馆拜访田汉和他的未婚妻易漱瑜。此时宗白华二十二岁，田汉二十一岁。一群志同道合的年轻人一见如故，开怀畅谈。他们畅谈对少年中国的理想构思、对艺术文学的新颖见解、对人生未来的无限憧憬，年轻人活跃的思想碰撞，催生出许多奇妙的灵感。其中的某些迁想妙得，无形中推动了田汉的戏剧创作。田汉在自己的戏剧处女作——多幕剧《梵峨璘与蔷薇》前言中写道:"此剧创意于民国八年(1919年)8月在上海与宗白华兄游新世界时。"[55] 而田汉的出现,对宗白华日后的发展,也有重要影响。宗白华曾经谈道:"当时我在同济预科已经学了四年德语,爱好文学艺术。看到社会的黑暗面,心里非常苦闷,觉得找不到出路。1919年暑假,田汉来上海跟我谈起他长沙家中的苦难,以及留学日本的遭遇。我们是一见如故,情投意合,从此成了忠诚的朋友。当时他到我家跟我长谈,使我坚定了从事文艺和美学研究的决心。"[56]

宗白华与田汉惺惺相惜,他也将郭沫若介绍给田汉。1920年1月3日,宗白华在给郭沫若的信中说:"我有个朋友田汉,他对欧美文学很有研究。他现在东京留学。他同你很能同调,我很愿你两人携手做东方未来的诗人,你若愿意抽暇去会他,我可以介绍。"[57] 1月18日,郭沫若给宗白华回信说,福冈离东京很远,目前还不能去拜访田汉,但他看到《少年中国》第1、2期田汉介绍惠特曼与主张恋爱自由的两篇文章,非常感同身受。他在信中叹道,田汉"才配做'我国新文化中的真诗人'呢"[58]!此时,郭沫若创作《凤凰涅槃》后,寄给宗白华。宗白华抑制不住内心的兴奋,马上将郭沫若的信与《凤凰涅槃》寄与田汉共赏。宗白华在给田汉的信中说:"我又得着一个像你一类的朋友,一个东方未来的诗人郭沫若。"[59] 郭沫若的浪漫诗作,对留学异国的田汉来说,是心灵中的一抹清泉,二人相识相知相惜,于是也开始通信。可以说,是宗白华一手促成了郭沫若与田汉之间的情谊。

1920年1月至3月,三人之间书信往来频繁。郭沫若回忆道:"三人都不曾会面,你一封,我一封就象陷入了恋爱状态的一样。"[60] 在共同的理想交流、心灵契合中,三人之间的情谊,随着一封封书信逐渐深厚。那个年代的有志青年,在时代浪潮的冲击中,面对种种社会问题、人生问题,虽有迷惘、有苦闷、有困惑,但仍互诉衷肠、相互慰藉,并且共同追求精神的屹立不倒、心灵的高标致远。这种情怀,跨越山海时空！

1920 年 3 月，田汉趁着春假之际，从东京前往福冈拜访郭沫若，两人相见甚欢。在这段记载着情谊的欢乐时光中，两人痛快地玩了近一周。他们一起游览了梅花胜地太宰府，一起愉快地作诗，还模仿歌德·席勒铜像的姿势，携手并肩拍了照片。这张六寸大的照片很快寄到了宗白华的手中，宗白华看到照片中意气风发的两位年轻人，内心也澎湃起遏制不住的涌动。他将这张照片仔细地装进大镜框里，小心翼翼地挂在墙上。可惜的是，这张记录着友情岁月的照片在抗日战争中遗失了，但是这份珍贵的感情，却留在了三人的心底。

当时宗白华、郭沫若、田汉三人都挚爱歌德的诗歌与文学，沉浸在歌德的思想天空中，他们的书信也经常谈及歌德的创作与思想，三人商量将歌德的文学与思想介绍给广大的中国青年。在宗白华、郭沫若的鼓励下，1920 年 3 月，田汉译出 Shokana 的《歌德诗的研究》其中一章《歌德诗中所表现的思想》，发表在《少年中国》1 卷 9 期"诗学研究号"上。在这篇文章"译者敬告"中，田汉说："篇中所引各诗，尽多金玉之句，译者笔浅学浅，不能译出，以呈白华，白华解人，固不必译出。而一般读者则殊不利，兹委托郭沫若兄译出，特对沫若致感谢。"[61] 田汉这篇译文中的歌德原诗，是田汉托郭沫若翻译出的。在"附白"中郭沫若阐释了他的翻译思路："诗的生命，全在他那种不可捉之风韵，所以我想译诗的手腕于直译意译之外，当得有种'风韵译'。顾之蔺陋如余，读歌德诗，于其文辞意义已苦难索解；说到他的风韵，对于我更是不可把捉中之不可把捉的了。寿昌兄既叫我献拙，我也只得勉强移译出来。我想这不过是替读者诸君撒布一番 Lachgas 罢了。"[62] 田汉之所以翻译《歌德诗中所表现的思想》，是因为当时宗白华意欲研究歌德，但由于受歌德资料缺乏限制，所以田汉翻译出这篇文章来帮助宗白华研究歌德所用，因此田汉说明"此译呈白华兄的研究桌上"。一篇译文，凝结了三个人的心血与情谊，记录了三人对歌德的热爱与理想。

身处异国的三个年轻人,依凭这种奇妙的缘分,缔结起珍贵的友谊,连接他们的,是共同的志趣、理想与追求。宗白华曾剖析过他们的友谊:"是什么原因把我们联系在一起的呢?这是多方面的。首先,我们在兴趣爱好方面有一些共同基础,我同沫若最早都是学医的,在这方面有共同语言,后来又都对诗歌发生了兴趣(我当时也写新诗,后来编成一本《流云小诗》集出版)。我们和当时的青年一样,受到时代潮流的冲击,感到半封建半殖民地的旧中国太令人窒息了,我们苦闷、探索、反抗,在信中谈人生,谈事业,谈哲学,谈诗歌和戏剧,谈婚姻和恋爱问题……互相倾诉心中的不平,追求着美好的理想,自我解剖,彼此鼓励。我们的心像火一样热烈,像水晶一样透明。一九一九年我二十二岁,沫若二十七岁。我作为编辑,他作为作者,他投稿,我发稿,两人建立起了友谊。但我们从来没有见过面,可以说是'神交'。田汉比我小一岁,也是少年中国学会的成员,我俩早就认识。这一段时间我们三人书信往来频繁,后来,田汉把这一时期的来往信札整理成《三叶集》寄给我,我又作了补充和修订,交上海亚东图书馆,于一九二〇年五月出版,引起了青年们的兴趣和社会的关注,书销售得很快,几次重印。"[63]

二、"三叶"寄情

1920 年 1 月至 3 月,宗白华、郭沫若、田汉三人之间往来的信件,由田汉集中整理后寄给宗白华,宗白华进行补充修订,于 1920 年 5 月交由上海亚东图书馆出版,取名《三叶集》。

"三叶"是指一种三叶蘖生的植物,象征着宗白华、郭沫若、田汉三人紧紧凝聚在一起的友情。田汉在《三叶集》的序中深情地说:"我们三人,虽两在海之东,一在海之西,在海之东的,又一在东京湾的上面,一在博多湾的旁边,然而凭着尺素书,精神往来,契然无间,所表现的文字,都是披肝沥胆,用严肃真切的态度写出来的。"[64]

《三叶集》中,有论诗歌的,有论近代剧的,有论婚姻问题的,有论恋爱问题的，也有论宇宙观和人生观的。集子传达了三个年轻人对人生道路的志向，对文学艺术的讨论，以及对未来社会的憧憬等。宗白华还强调了他们所讨论的一个关键问题——婚姻问题。因为这个问题不仅仅是三个年轻人当下所亲历所困惑的问题，也是当时整个社会亟须解决的具体问题。

三人的交往和信件，也使宗白华逐渐清晰了自己未来的道路。宗白华由衷地欣赏、鼓励郭沫若作诗，郭沫若同样将自己满腔的诗情与理想倾诉给宗白华，诗歌的浪漫酣畅也陶染了宗白华。1920 年 1 月 30 日，宗白华在给郭沫若的信中袒露："以前田寿昌在上海的时候，我同他说：你是由文学渐渐的入手哲学，我恐怕要从哲学渐渐的结束在文学了。因我已从哲学中觉得宇宙的真相最好是用艺术表现，不是纯粹的名言所能写出的，所以我认将来最真确的哲学就是一首'宇宙诗'，我将来的事业也就是尽力加入做这首诗的一部分罢了。"[65]

宗白华最先接触的是哲学，由哲学他发现了文学艺术的奥妙与精神，更发现了诗歌最深沉最浓烈的意蕴与哲学的奥义之间存在某种程度的契合。于是他将哲学视为诗，更将人生视为诗。宗白华的一生，都在致力于这首"宇宙诗"的书写，向我们展现出了一个极具哲诗精神的人格形象。可以说，这个时期，宗白华的哲诗意趣正在慢慢陶孕。

《三叶集》中，涉及了大量三人对婚姻问题、恋爱问题的倾诉与讨论。1913 年，二十岁的郭沫若，在父母的包办下与同乡姑娘结婚，或许是对封建父母包办婚姻的不满，也或许只是二人之间没有情感基础，郭沫若对这段婚姻没有任何眷恋。1914 年，郭沫若留学日本。1916 年，认识了日本女子安娜（日文名：佐藤富子），两人产生感情并生活在一起。然而，郭沫若对这段感情始终怀有愧疚之心，也许是远方的家乡还有一个婚姻的束缚，抑或是在日本留学时的苦闷心情，郭沫若给田汉、宗白华的信中有时充满着抑郁、悲愤的情绪。然而，宗白华由郭沫若的诗歌，再到艺术人格，给予了郭沫若极大的肯定和鼓励，田汉也表达了他对恋爱、婚姻问题的种种看法，给予了郭沫若极大的共情与慰藉。郭沫若感受到了莫大的动力与勇气。他在给宗白华的信中说："我从前对于我自己的解决方法，只觑定着一个'死'。我如今却掉了个法门，我要朝生处走了。我过去的生活，只在黑暗地狱里做鬼；我今后的生活，要在光明世界里做人了。白华兄！你们便是我彼岸的灯台，你们要永远赐我的光明，使我早得超度呀！"[66]而此时，田汉正在和易漱瑜恋爱。易漱瑜是田汉的表妹，二人可以说自小青梅竹马，感情深厚。奈何田汉家境贫寒，早年父亲去世，母亲独自拉扯兄妹三人长大，因此，易母竭力反对田汉与易漱瑜的婚事。好在易漱瑜的父亲易象（又称：易梅臣、易梅园），也就是田汉的舅父，是个通情达理、思想开明的人，而且一直很喜欢田汉，经常扶持聪慧过人的田汉，也赞成二人的婚事。田汉在十八岁时受到舅父易象的资助，前往日本留学，期间常与易漱瑜信件来往，互诉衷肠。可是在1919 年，易母竟要将易漱瑜许配给当地一个乡绅的儿子。此时正好田汉暑期回家探亲，听到这个消息自然心急如焚，带着易漱瑜赶往上海来见易父。易父为了避免女儿的婚事横生枝节，他亲自为两个孩子谋划设计，拿出家里的积蓄给田汉，让他带上女儿一起私奔去日本留学。正是在上海这段时间，宗白华与田汉、易漱瑜见面。宗白华得知田汉、易漱瑜的感情经历，给予了他们极大的支持与鼓励。1920 年，田汉与易漱瑜在日本结婚，二人伉俪情深。《三叶集》中关于恋爱婚姻问题的讨论，主要集中在郭沫若与田汉。两人的恋爱、婚姻经历较宗白华来说更为坎坷，二人在互相倾诉过程中也产生了许多对恋爱问题的新颖观点，如田汉主张结婚与恋爱是统一的，二者不能分离。他们对恋爱、婚姻的坦诚和迷惑，正是那个年代下年轻人闪光的印记，或许这些问题今天还需要讨论，但在这点点滴滴的困惑、迷惘与思索中，我们看到了历史向我们一步步走来留下的足迹，从而确证了那个时代的真实，这也是《三叶集》留给我们的珍贵之处。

《三叶集》中不乏三人对诗歌、戏剧等文学艺术的讨论，三人所秉持的艺术观、人生观都不约而同地将艺术与人生勾连起来，向我们展现了三位青年对待艺术的涵融胸怀，以及对待人生的审美视角。郭沫若谈到诗歌创作时说："我想诗这样东西倒可以用个方式来表示他了：诗＝（直觉＋情调＋想象）Inhalt＋（适当的文字）Form。照这样看，诗底内涵便生出人底问题与艺底问题来。Inhalt 便是人底问题。Form 便是艺底问题。"[67]虽然郭沫若将诗歌看作人的问题与艺术的问题的融合，但他还是将诗歌的创作本质与人的创造联系在一起，认为艺术与人息息相关。他强调："我想诗的创造是要创造'人'，换一句话说，便是在感情的美化（Refine）。"[68]田汉在讨论戏剧《沉钟》时强调："我如是以为我们做艺术家的，一面应把人生的黑暗面暴露出来，排斥世间一切虚伪，立定人生的基本。二方面更当引人入于一种艺术的境界，使生活艺术化（Artification）。即把人生美化（Beautify）使人家忘现实生活的苦痛而入于一种陶醉法悦浑然一致之境，才算能尽其能事。"[69]

郭沫若所说的"人底问题与艺底问题"的关系，田汉所说的"生活艺术化"，与宗白华的艺术观不谋而合。宗白华在 20 世纪 20 年代初的多篇文章中，多次提到"艺术人生观"、"艺术式人生"、"艺术的生活"等术语。他们都主张将艺术之美、艺术之精神与人、与人生相联系，从而使人生得以美化，使人的生命境界得以提升。

《三叶集》承载了极具时代意义的丰富内容，让我们从宗白华、郭沫若、田汉三人的友谊中，看到了"五四"时期中国青年的可爱、生动、真实，和他们炽热、单纯、烂漫的青春！田汉称《三叶集》算得上是中国的《少年维特之烦恼》，郭沫若也坦言《三叶集》中"我的信稿大概是赤裸裸的我，读了可以看出了大概"[70]。宗白华在晚年也曾说过："现在只剩下我是'三叶草'的最后一片叶子了。至今我翻阅《三叶集》，回顾六十多年前的往事，还是禁不住激动得流泪。"[71]

第四节 留学德法

> 1920 年我到德国去求学，广大世界的接触和多方面人
> 生的体验，使我的精神非常兴奋，从静默的沉思，转到生
> 活的飞跃。
>
> ——宗白华：《我和诗》，载金雅主编、欧阳文风等
> 选鉴《宗白华哲诗人生论美学文萃》，中国文联出版社
> 2017 年版，第 221 页。

民国时期，许多进步青年为了获取学识，开拓视野，学习西方先
进科技和文化，纷纷踏上了异国求学的道路。年轻的宗白华也不例
外。1920 年 3 月 12 日，在给郭沫若的信中，宗白华谈到近几年在着
手准备，打算去欧洲考察游历。田汉也鼓励宗白华出国留学。1920
年 4 月底，宗白华辞去了《学灯》的职务。5 月底，宗白华从上海十六
铺码头出发，开启了出洋留学之路。

一、览欧土"大书"

宗白华从少年时代便开始学习德语，接触到德国的文学、哲学，
他对德国文化产生了浓厚的兴趣。他的处女作是研究叔本华的文
章，又对康德哲学做过研究，严谨思辨的德国哲学曾让他深深着迷。
同时，歌德的文学及精神更是宗白华瞻仰和向往的对象，"这种强烈
的歌德认同，不但在中国绝无仅有，比冯至和梁宗岱更彻底，即使在
德意志日耳曼民族以外的欧洲人当中也不易多见"[72]。这些伟大的
德国哲学家、文学家对宗白华来说，有着巨大的吸引力和感召力。当
时赴德留学的还有曾同为少年中国学会成员的王光祈。王光祈看到
一战后德国重建时的"上下兢兢图存"，十分感叹，认为"国内青年有
志者，宜乘时来德，观其复兴纲要，以为中国之借鉴"[73]。

1920 年 7 月 12 日，宗白华抵达巴黎。在巴黎，宗白华与先前来到法国留学的少年中国学会的成员们见面。他乡遇故知，这是何等的快意。宗白华将少年中国学会近几年的发展情况和国内的形势告诉他们。7 月 24 日，宗白华与在法国的少中会员周无一同前往德国法兰克福，与在德留学的王光祈、魏时珍见面。四人对少年中国学会的会务、刊物、发展等问题进行了商讨，并共同写信寄给国内发表。1920 年 7 月，已身在国外的宗白华仍被少年中国学会常委会选为第二届职员中的候补评议员。

1920 年秋天，宗白华入学法兰克福大学，选修哲学、心理学、生物学。法兰克福位于美因河右岸，临近美因河与莱茵河的交汇点，坐落在陶努斯山南面的大平原上，是德国乃至欧洲重要的工商业、金融服务业和交通中心，也是德国的文化重镇。宗白华热爱的歌德就出生在这座城市。法兰克福大学又称为歌德大学，以歌德这位世界级大文豪的名字命名，纪念他在文学、科学和哲学领域的贡献。此时，当年宗白华在上海同济的老师 Diess lez 也正在法兰克福大学任教，听说宗白华来到德国留学，就向宗白华发出邀请。王光祈、魏时珍当时也在法兰克福大学就读。

在法兰克福大学期间，宗白华的求知欲异常饱满，他将自己的课表安排得满满当当，主张"借外人的镜子照自己的面孔"。1920 年 12 月 20 日，他在寄给国内的信中说："我预备在欧几年把科学中的理、化、生、心四科，哲学中的诸代表思想，艺术中的诸大家作品和理论，细细研究一番，回国后再拿一二十年研究东方文化的基础和实在，然后再切实批评，以寻出新文化建设的真道路来。我以为中国将来的文化决不是把欧美文化搬了来就成功。中国旧文化中实有伟大优美的，万不可消灭。譬如中国的画，在世界中独辟蹊径，比较西洋画，其价值不易论定，到欧后才觉得。所以有许多中国人，到欧美后，反而'顽固'了，我或者也是卷在此东西对流的潮流中，受了反流的影响了。但是我实在极尊崇西洋的学术艺术，不过不复敢藐视中国的文化罢了。并且主张中国以后的文化发展，还是极力发挥中国民族文化的'个性'，不专门模仿，模仿的东西是没有创造的结果的。但是现在却是不可不借些西洋的血脉和精神来，使我们病体复苏。几十年内仍是以介绍西学为第一要务。"[74] 从这段话中可以看出，宗白华既非全盘西化，也非固守传统，而是开放兼容，以开放的胸襟看待东西文明的差异与碰撞。

1921 年，宗白华前往柏林。从 1921 年夏季学期到 1924 年冬季学期，在柏林大学注册就读，主攻美学与哲学，师从德国著名美学家、艺术史家德索（Dessoir）、伯尔施曼（Bolschman）以及哲学家里尔（Riehl）。其中，德索教授的艺术及美学思想对宗白华产生了深刻的影响。玛克思·德索，德国著名心理学家和美学家，是 20 世纪初艺术科学论思潮的主要代表人物。当时他已在柏林大学任教二十五年，主要讲授美学和艺术哲学，他的代表作《美学与一般艺术学》在当时西方颇具影响力。德索的学科意识非常清楚，他力图划清美学与艺术学的学科界限，认为应该有一门独立于美学的研究艺术的学科，即一般艺术学。当美学研究美的时候，艺术科学便审查艺术的规律。同时，德索"提出要建立艺术学体系，从美学中汲取营养，又注重参观博物馆，主张凡是研究美学的人，要多看艺术珍品，用它们的成就去印证美学理论"；"他呼吁，应当建立普及艺术欣赏的艺术理论，以丰富美学研究的思想"[75]。

1925 年留学回国后，宗白华的学术研究主要聚焦在美学与艺术学，这也成为他一生所致力的方向。在德索的影响下，宗白华非常重视对艺术作品的考察与研究。留学期间，他游览了欧洲各地著名的博物馆、艺术馆。驻足在世界艺术名作前，艺术之美从心底深深打动了宗白华。

在柏林大学读书期间，宗白华求知若渴，美学的奇幻瑰丽、哲学的精神奥妙、艺术学的浪漫婀娜，让他醉心，甚至他还听了爱因斯坦开设的"相对论"讲座。这一时期，宗白华也并非只沉浸在书本中，他在给当时《学灯》编辑柯一岑的信中,他说:"我这两年在德的生活,差不多是实际生活与学术并重,或者可以说是把二者熔于一炉了的。我听音乐,看歌剧,游图画院,流览山水的时间,占了三分之一,在街道里巷中散步,看社会上各种风俗人事及与德人交际,又占了三分之一,还余三分之一的时间看书。"[76] 他谈到叔本华认为哲学家应该在宇宙之中游历研究,他自己也愿意在这"欧土文化的大书"中尽情浏览,方为人生一种快意。

二、结识徐悲鸿

二十三岁的宗白华从上海出发时,徐悲鸿正在巴黎国立高等美术学校学习油画、素描,师从费拉孟与高尔蒙。徐悲鸿在 1919 年留学法国前,在国内已颇负盛名,宗白华对徐悲鸿高超的艺术造诣早有敬佩之心。1920 年 7 月初,宗白华从上海到达巴黎后,经人介绍,见到了比他年长两岁的徐悲鸿。徐悲鸿与蒋碧薇(徐悲鸿之妻)此时住在一幢公寓五楼屋顶的阁楼上,这个阁楼兼具画室与卧室。宗白华后来回忆说:"要爬许多黑暗的楼梯才到达楼顶,眼前豁然开朗,阁楼上光线很好,怪不得悲鸿选择了这个房间,原来了便于作画,简陋的房间中挂满了悲鸿临摹的外国名画,也有他自己的创作。悲鸿比我大两岁,看上去很年轻,很有朝气。"[77]

宗白华的到访让徐悲鸿十分高兴,两个热爱艺术热爱美的年轻人一见如故,相谈甚欢。在后面的几个星期里,徐悲鸿当导游,带领宗白华游览巴黎的艺术文化区。举世闻名的万宝之宫卢浮宫,收藏了六千六百座雕塑作品的罗丹博物馆,还有巴黎的许多文化艺术场所,都留下二人的足迹。两位年轻人经常在一起讨论、思考,美从胸中流淌,勾连了二人的情谊。徐悲鸿将自己的老师朋友介绍给宗白华认识,宗白华也将在巴黎的少中会员介绍给徐悲鸿。身处异国他乡的青年们,为了共同的理想相聚在一起,共同沐浴在青春之光里。

1920 年 7 月 24 日,宗白华告别徐悲鸿,离开巴黎赴德国法兰克福读书。1921年暑假，徐悲鸿与蒋碧薇移居德国柏林。这时宗白华已经转学到柏林大学。两人重聚，一起拜访了德国著名画家、柏林美术学院院长阿尔图尔·康波夫（Arthur Kampf），向康波夫请教绘画艺术。康波夫的绘画继承了德国现实主义传统，某种程度上也影响了徐悲鸿和宗白华。

徐悲鸿到法国学习绘画，是由北洋政府资助的，但因国内军阀混战，北洋政府一度中断学费。当时德国物价还算低廉，美术品也很便宜。徐悲鸿节衣缩食省钱，甚至有时借款，去购买自己心仪的美术作品，他的梦想是回国内开设一个美术馆。一日，徐悲鸿游览画室，看中了康波夫的一幅油画《包箱》，价格虽然并不十分昂贵，但徐悲鸿囊中羞涩。第二天，徐悲鸿找到北洋政府驻柏林的公使，希望他能帮助借款购下此画，说明政府拖欠的学费补发下来后就立即还款，却遭到拒绝。宗白华知道情况后，不由分说，和另一朋友筹钱借给徐悲鸿，帮助购得这幅名作。此后，宗白华也经常向徐悲鸿提供经济帮助。

徐悲鸿在柏林期间，宗白华经常和徐悲鸿一起逛街吃饭，也经常到徐悲鸿家里看画。宗白华认为徐悲鸿笔下的国画，具有较强的立体感与通透感，画中所表现的思想感情容易被人理解把握。徐悲鸿回答宗白华说："这是因为我力求运用中国绘画形式和工具，吸收西画的表现技法，这样画出来的中国画自然就不同于前人或其他人了。"[78]有一次，两人讨论对绘画的见解，越讨论越兴奋，一抬头，看到窗外大雪纷飞，外面的世界银装素裹，徐悲鸿顿时来了画兴，挥笔而就一副《梅花傲霜雪》，并将这幅画赠予宗白华。宗白华对徐悲鸿的艺术造诣十分珍视，徐悲鸿也很乐意将作品送给"知音"。此后，徐悲鸿又以《奔马》和《墨猪》赠予宗白华。

徐悲鸿在德国住了两年。1923年，德国的恶性通货膨胀到已十分严重，马克暴跌的同时物价也在飞涨，而且德国出台法律禁止全以外币付值。许多本来准备在德国读书的中国学生顿感支绌，不得不中止学业返国。1923年春天，徐悲鸿与蒋碧薇回到法国巴黎。

1925 年宗白华回国,1927 年徐悲鸿回国。回国后二人都各自在学校任教,但仍然保持了密切的交流与来往,继续谱写着友谊的篇章。

三、醉梦美乡

留学欧洲期间,宗白华心情愉悦,思绪放飞。除开专心学业,他也留心异国的风土人情、文化民俗、市井社会,用清澈的眼睛欣赏自然人文,用敏锐的情绪感知日常万物,用审美的眼光观审大千世界。

1920 年 7 月宗白华到达巴黎后,在徐悲鸿的陪同下,浏览了巴黎的艺术文化场所,其中就有卢浮宫与罗丹博物馆。

卢浮宫是世界四大博物馆之首,是法国古典主义时期最珍贵的建筑物之一,以收藏丰富的古典绘画和雕刻而闻名于世,达·芬奇的《蒙娜丽莎》、拉斐尔的《花园中的圣母》、米开朗琪罗的《奴隶》都收藏于此。宗白华走在卢浮宫中,睁大眼睛看着琳琅满目的艺术珍品,如痴如醉。站在断臂维纳斯的雕像前,宗白华静静地感受着她的丰满而圣洁、柔媚而单纯、优雅而高贵的静谧肃穆、和谐圆融的美丽,深深陶醉其中。静坐在《蒙娜丽莎》前,一人一画,宗白华对视良久,细细品赏画中的优雅笑容、柔淡目光、幽茫山水。

罗丹博物馆显著的特色,是在葱茏的树木中遍布精美的雕塑。罗丹博物馆除了室内的主体展馆外,还有一个美不胜收的花园。花园里保存着两座举世闻名,并且成为西方艺术图标的经典雕塑——《思想者》和《吻》。宗白华一边在花园中漫步,一边欣赏大师的杰作。观赏著名的《地狱之门》、《巴尔扎克》、《加莱义民》,感受着这些作品所流露出来的生命与活力。

1920 年冬,宗白华写作《看了罗丹雕刻以后》,书写自己的感思。宗白华说:"大自然中有一种不可思议的活力,推动无生界以入于有机界,从有机界以至于最高的生命、理性、情绪、感觉。这个活力是一切生命的源泉,也是一切'美'的源泉";"艺术最后的目的,不外乎将这种瞬息变化,起灭无常的'自然美的印象',借着图画、雕刻的作用,扣留下来,使它普遍化、永久化。什么叫做普遍化、永久化? 这就是说一幅自然美的好景往往在深山丛林中,不是人人能享受的;并且瞬息变动、起灭无常,不是人时时能享受的";"艺术的功用就是将他描摹下来,使人人可以普遍地、时时地享受。艺术的目的就在于此,而美的真泉仍在自然。"[79] 罗丹认为,艺术是比照片更加真实的存在。宗白华深以为然,他解释道:"我们知道'自然'是无时无处不在'动'中的。物即是动,动即是物,不能分离。这种'动象',积微成著,瞬息变化,不可捉摸。能捉摸者,已非是动;非是动者,即非自然。照相片于物象转变之中,摄取一角,强动象以为静象,已非物之真相了。况且动者是生命之表示,精神的作用;描写动者,即是表现生命,描写精神。自然万象无不在'活动'中,即是无不在'精神'中,无不在'生命'中。艺术家要想借图画、雕刻等以表现自然之真,当然要能表现动象,才能表现精神、表现生命。这种'动象的表现',是艺术最后目的,也就是艺术与照片根本不同之处了。艺术能表现'动',照片不能表现'动'。'动'是自然的'真',所以罗丹说:'照片说谎,而艺术真实。'"[80] 罗丹的雕刻在宗白华心底留下了不可磨灭的印象,他赞叹罗丹的雕刻是"从形象里面发展,表现出精神生命","表现了人类的各种情感动作","同时注意时代精神,他晓得一个伟大的时代必须有伟大的艺术品,将时代精神表现出来遗传后世"[81]。宗白华回忆说:"罗丹的生动的人生造像是我这时最崇拜的诗。"[82]

来到德国开启求学之路的宗白华,没有停下在艺术世界中畅游的脚步,钟爱歌德的他自然也要体验一下这位大文豪曾经生活的地方。在法兰克福,他瞻仰了歌德故居。宗白华看着这位大文豪家居简朴的陈设,看着歌德爱坐的那张老式木椅,看着挂在楼廊上精致的天文钟,看着那张写作的斜平面桌子,想象着歌德如何在这幢楼房里度过他浪漫奔逸的一生。在歌德博物馆里,陈列着大量18世纪与19世纪古典主义、浪漫主义和毕德迈耶尔风格的版画、绘画和半身雕像作品。宗白华在这些美术品前驻足欣赏、想象、思考，感受着歌德留给后人的历史气息和痕迹。

法兰克福施泰德博物馆同样留下了宗白华的足迹。施泰德博物馆是一家古老而著名的艺术博物馆，馆内收藏有近七百年欧洲所有重要时期的艺术品，包含从 14 世纪的绘画到 1945 年的艺术品。施代德尔博物馆是艺术爱好者必到之处，最珍贵的藏品有十四、五世纪画家扬·范·艾克（Jan van Eyck）的《卢卡的圣母像》（Lucca-Madonna）、桑德罗·波提切利（Sandro Botticelli）的《女性理想肖像》（Weibliches Idealbildnis）；17 世纪荷兰画家伦勃朗（Rembrandt Harmensz van）的《刺瞎参孙》（Die Blendung Simsons）、维梅尔（Jan Vermeer van Delft）的《地理学家》（Der Geograph）等。这些绘画与雕刻，拂动着宗白华的心弦，他感叹："最美的当莫过于大艺术家的图画、雕刻了。"[83]

除了艺术文化场所，自然山水也是宗白华钟情所在。某日清晨，他早早起床，趁着天色蒙蒙亮，赶到绿堡森林看日出。到了目的地，宗白华眺望着远处东方地平线上透出缕缕红霞，一点点红晕缓缓升起，由暗到明，少顷，微微一跃，一轮红日喷薄而出，顷刻间朝霞满天。他心里顿时热腾起来，"忽然觉得自然的美终不是一切艺术所能完全达到的"[84]。

宗白华从不吝于将整个身心沉浸在美妙的自然之中，璀璨闪烁的星辰、漫天飞舞的雪花、一望无际的海洋、葱葱茏茏的森林、明媚多姿的彩虹、枯萎颓败的小花……自然界中一切景象，在宗白华的世界中，都变成了一首首美妙动人的诗。他经常利用闲暇到各地游览，曾去过魏玛、莱比锡、波恩等地。每一处自然美景，宗白华都毫无保留地将自己融入其中，体验自然界中的万千气象。

德国是享誉世界的音乐之乡，德意志民族是一个极其热爱音乐也极具音乐天赋的民族，在音乐领域取得了令人瞩目的非凡成就。从巴赫、贝多芬、舒伯特，到舒曼、勃拉姆斯，这些音乐巨匠的动人音符,是全世界共同的文化瑰宝。热爱艺术的宗白华,深深陶醉在这些美妙的旋律里,领悟其中的神韵。1922年4月17日,宗白华在给柯一岑的信中坦言:"我在德国两年来受印象最深的,不是学术,不是政治,不是战后经济状况,而是德国的音乐。"[85]他评价德国音乐家的作品说道:"音乐直接地表现了人生底内容,一切人生精神界、命运界(即对世界的种种关系)各种繁复问题,都在音乐中得了超然的解脱和具体的表现。德国音乐本来深刻而伟大。Beethoven之雄浑,Mozart之俊逸,Wagner之壮丽,Grieg之清扬,都给我以无限的共鸣。尤其以Mozart的神笛,如同飞泉洒林端,萧逸出尘,表现了我深心中的意境";"德国全部的精神文化差不多可以说是音乐化了的。他的文学名著如G. Keller等等的杰作,都是一曲一曲人生欢乐的悲歌。叔本华的世界观化入Wagner的诗剧,尼采的人生观谱成R. Strauss的《超人曲》,哲学也音乐化了,画家如Bocklin,Schwintters,Thoma等等,都谱音乐入山川人物之中。雕刻家Max Klinger的最大杰作,是音乐家Beethoven的石像。我常说,法国的文化是图画式的,德国的文化是音乐式的。"[86]

宗白华一生有很多讨论艺术、美学的文章,但鲜有讨论音乐,这并不代表宗白华忽视了音乐的美育作用。宗白华认为当时中国的音乐,听起来容易使人心生消极之感,只能刺激人的神经,而不能发扬人的灵魂,"真所谓亡国之音哀以思"。但他又深知"中国旧文化中向来崇重音乐,以乐为教",于是他竭力呼吁新文化中"谱乐家"的出现,他对中国青年提出要求:"我以为在中国青年中有极可提倡的二事:一、多作山水中徒步旅行;二、多习点高尚些的音乐歌曲,里巷戏院中淫靡的歌词太坏,决不可学,学了丧人志气,堕人品格,最好是取旧词旧曲中有高尚清雅及雄大壮丽的传习而普遍之,此事虽小,而关系青年的修养极大。青年纯洁的魂灵又是我们中国前途唯一的希望呢。"[87]

宗白华曾评价罗丹说:"他是个真理的搜寻者,他是个美乡的醉梦者,他是个精神和肉体的劳动者。"[88] 而此时的宗白华,又何尝不是一个"美乡的醉梦者"?

四、情淌"流云"

宗白华自少年起,就迷恋诗,爱读诗,爱写诗,特别喜欢徜徉在美妙的诗境中。二十岁,宗白华接触到德国浪漫派文学尤其是歌德小诗后,令他更痴迷诗歌的奇幻瑰丽之境。

"五四"新文化运动中,新诗革命最先开始,作为文学革命的重要部分,在当时的青年知识分子中产生了很大影响。宗白华在上海读过康白情、郭沫若等人的诗后,对这些不拘格律、自由浪漫的新诗心生欢喜,内心也涌动起诗情。他写了一首新诗《问祖国》,发表于1919 年 8 月 29 日《学灯》上。

问祖国

祖国! 祖国!

你这样灿烂明丽的河山

怎蒙了漫天无际的黑雾?

你这样聪慧多才的民族

怎堕入长梦不醒的迷途?

你沉雾几时消?

你长梦几时寤?

我在此独立苍茫,

你对我默然无语![89]

再往后,宗白华的新诗创作,就到德国留学期间了。

柏林大学的伯尔施曼(Bolschman)教授对东方文明有浓厚的兴趣,宗白华常常与教授交流讨论,也经常去他家里做客。1921 年的冬天,宗白华去伯尔施曼教授家参加舞会,舞会的音乐活泼激情,节奏明快,每个人都跟随着音乐的旋律翩翩起舞,仿佛在自由的舞蹈中忘却了一切烦恼。宗白华回忆:"过了一个罗曼蒂克的夜晚;舞阑人散,踏着雪里的蓝光走回的时候,因着某一种柔情的萦绕,我开始了写诗的冲动。"[90]

在那之后将近一年的时光中,宗白华内心时常流淌着诗歌创作的情愫,他这么形容那段时光:"在黄昏的微步,星夜的默坐,在大庭广众中的孤寂,时常仿佛听见耳边有一些无名的音调,把捉不住而呼之欲出。往往是夜里躺在床上熄了灯,大都会千万人声归于休息的时候,一颗战栗不寐的心兴奋着,静寂中感觉到窗外横躺着的大城在喘息,在一种停匀的节奏中喘息,仿佛一座平波微动的大海,一轮冷月俯临这动极而静的世界,不禁有许多遥远的思想来袭我的心,似惆怅,又似喜悦,似觉悟,又似恍惚。无限凄凉之感里,夹着无限热爱之感。似乎这微渺的心和那遥远的自然,和那茫茫的广大的人类,打通了一道地下的深沉的神秘的暗道,在绝对的静寂里获得自然人生最亲密的接触。"[91]在异国的陌生环境中,宗白华对周围世界的体验更为敏锐。当黑夜的幕布缓缓拉下,当万物归于沉静,心跳的声音仿佛更加强烈,灵魂也异常敏感,这一刻,思绪纷飞。宗白华望向远处若隐若现的灯火,似乎那跳动的韵律藏匿了一片神奇之境。他幻想着、思索着、憧憬着,他的脑海中,俨然是另一个天马行空、自由自在、悠然自得的天地。这片天地,抚慰着他,也让他灵感时现。他"往往在半夜的黑影里爬起来,扶起床栏寻找火柴,在烛光摇晃中写下那些现在人不感兴趣而我自己却借以慰藉寂寞的诗句"[92]。

1921 年冬到 1922 年 1 月,《学灯》刊登冰心的《繁星》。《繁星》充满纯真的童趣,清新淡雅而又晶莹明丽,常有对大自然的咏叹。冰心将捕捉到的刹那间的灵感,以三言两语书写。宗白华对冰心的小诗非常喜爱,在 4 月 17 日给柯一岑的信中,他评价冰心的小诗:"近来《学灯》上颇具有好文章,我尤爱冰心女士的浪漫谈和诗,她的意境清远,思致幽深,能将哲理化入诗境,人格表现于艺术。她的《繁星》

七十首,真给了我许多的愉快和安慰。不过,我还祝她能永久保持着思致与情感的调和,不要哲理胜于诗意,回想多于直感。"[93] 冰心的小诗触动着宗白华,也启迪了宗白华。

1922 年 6 月 5 日,宗白华在《学灯》上发表了自己的第一组新诗《流云》,这也是他在德国期间首次创作的新诗。他在诗前小引中谈到,自己是因读冰心《繁星》,而拨动了久已沉默的心弦,遂成这组小歌,以寄共鸣。[94]

宗白华第一组《流云》小诗,共 8 首:

人生
理性的光

情绪的海

白云流空,便是思想片片。

是自然伟大么?

是人生伟大呢?[95]

解脱
心中一段最后的幽凉

几时才能解脱呢?

银河的月,照我楼上。

笛声远远吹来——

月的幽凉

心的幽凉

同化入宇宙的幽凉了![96]

无题
"雪里底蓝光,

是音乐底颜色。"

还记得那一夜么？

白雪已消了，

弦歌已绝了。

余音袅袅，

绕入梦里情天。[97]

无题

一双黑盈盈的眼睛，

向我梦中微笑。

是念我么？

是怨我么？

是讪笑我呢？[98]

无题

（三弟久病，梦其白衫来拜。果已病卒。）

白光的人，

你去了么？

你去向音乐的世界中，

你去向明月的世界中，

你只切莫再来这个世界中呀！[99]

无题

城市的声，

渐渐歇了。

湖上的光，

远远黑了。

灯儿息了，

心儿寂了，

满天的繁星，

缤纷灿着。

听呀！听他们要奏宇宙底音乐了。[100]

慈母

天上的繁星，

人间的儿童。

慈母的爱

自然的爱

俱是一般的深宏无尽呀！[101]

无题

月落了，

晨曦来了。

满室的蓝光，

映我纸上。

悲歌些什么！

惆怅些什么！

白云也无穷，

流水也无穷，

还怕你的一寸情怀，

无所寄托么？[102]

自此，宗白华一发不可收，诗兴蓬勃。

宗白华《流云》开始在《学灯》发表时，冰心刚好也在《晨报副刊》发表《春水》。"二者均为小诗，作者又是一男一女，而分别在南北两个著名副刊上刊出，颇引起一般读者的遐思。"[103]

从 1922 年 6 月 5 日《流云》首次发表在《学灯》，到 1924 年 1 月

哲诗宗白华

《流云》结成诗集出版，这一年多时间，宗白华进入了诗歌创作的高峰期。自然世界中的一花一叶，德国生活中的偶然所见，抑或是夜半月悬时刻的寂寞，想起远方恋人时的相思，都被宗白华用美妙隽永的语言记录下来，并且融进他的哲思，凝练成一首首空灵幽深、清丽淡远的小诗。

宗白华钟情自然，对他来说，自然山水是他审美人格、艺术创作的源泉与动力。自然在宗白华的审美视野中，是具有无限生命与活力的存在，正因如此，他可以与花鸟对话，与云雨共鸣。这期间，他创作了不少叹咏自然、赞美自然的小诗。如：

问

花儿，你了解我的心么？

她低低垂着头，脉脉无语。

流水，你识得我的心么？

他回眸了几眼，潺潺而去。

石边倚了一支琴。

我随手抚着他，

便一声声告诉了我心中的幽绪。[104]

月夜海上

月天如镜

照着海平如镜。

四面天海的镜光

映着寸心如镜。[105]

生活在异国的宗白华，面对他乡的城市风貌和人文风情，也有与在国内不一样的体会与感触。宗白华用小诗予以记录：

柏林之夜

楼窗外，

电车，马车，摩托车，

商人，游女，行路人；

灯光交辉，

织成表现派的图画。

百声齐响，

仿佛贝多芬的音乐。

啊，

美的世界！

动的世界！

伟大的夜，

如诗人的眼光，

在上面临照你了。[106]

　　面对德国社会中的丑恶现象，宗白华没有回避，而是勇敢面对、记录、刻画。在艺术创作中，化丑为美是一种高超的表现手法，它能发人深省，启迪人生。德国社会中的贫女、乞丐、妓女这些弱势群体，宗白华给予了同情和哀悯，用艺术书写他们的悲惨遭遇，抒发自己的哀怜与痛心：

无题

黑夜无灯，

她只看见了

自己泪珠上朦胧的光，

她心中的泪流，

已结成了冰了，

冰着她数日不进饮食的饥肠。[107]

乞丐

蔷薇的路上

走来丐化一个。

口里唱着山歌，

手中握着花朵。

明朝不得食，

便死在蔷薇花下。[108]

　　在德国的生活，是惬意愉悦的，但也是孤独寂寥的，宗白华时常想念千里之外故乡那位令他魂牵梦绕的恋人。即便他国的"乱花渐欲迷人眼"，但在浩瀚无垠的天空中，依旧有一颗闪烁明亮的星辰指引着宗白华：

德国东海滨上散步

海风吹落日，

我心为之寒。

极目望乡国，

缥缈白云端。

白云浩无穷，

我心亦茫茫。

手采罂粟花，

踯躅乱石间，

石间有少女，

蹁跹捉迷藏。

迷藏戏未终，

海上景已阑。

偕此两少女，

同步金沙滩。

一女索我花，

插我衣襟上。

一女立我旁，

金发披红衫。

红衫何飘飘，

绕我心意乱。

我诚爱自然，

亦复爱人间。

况逢此绝艳，

令我忆家乡。

家乡有处子，

待我修竹旁。

同时共进酒，

同唱别离难。[109]

宗白华心中牵挂着的，是他自少年时就相恋的表妹虞芝秀。他将对表妹的爱恋、思念，谱写成一首首感人至深的诗歌，他用极其细腻、生动的笔触来书写爱恋：

别后

我们临别时，

她泪盈盈的眼睛

朦胧地映在我的双瞳里。

我们握别后，

她温馨馨的指痕

深深地印在我的手心里。

你现在若启开了我的心

就看见她的纤影婷婷的！[110]

哲诗宗白华

系住

那含羞伏案时回眸的一粲，

永远地系住了我横流四海的放心。[111]

宗白华认为，纯洁真挚的恋爱诗，充满着无尽的少年蓬勃的热情与生气，是积极的乐观的。在 1922 年 7 月 9 日给柯一岑的信中，他说："我觉得少年人歌颂恋爱，老年人反对之。少年的民族亦然。"[112]他叹惋："中国千百年来没有几多健全的恋爱诗了（我所说的恋爱诗自然是指健全的、纯洁的、真诚的），所有一点恋爱诗不是悼亡、偷情，便是赠妓女。诗中晶洁神圣的恋爱诗，堕成这种烂污的品格，还不亟起革新，恢复我们纯洁的情泉吗？"[113]

为什么中国文学中缺少健全诚挚的恋爱诗？在 7 月 22 日给柯一岑的信中，宗白华认为，如今中国社会上"憎力"太多而"爱力"太少。没有"爱力"的社会是缺少灵魂、没有血肉的。宗白华还指出现在中国男女之间的爱"差不多也都是机械的物质的了"，正因如此，宗白华讴歌纯洁诚挚的爱，标举积极的、真挚的恋爱诗，他说："我们若要从民族的魂灵与人格上振作中国，不得不提倡纯洁的、真挚的、超物质的爱。我愿多有同心人起来多作乐观的、光明的、颂爱的诗歌，替我们的民族性里造一种深厚的情感的基础。我觉得这个'爱力'的基础比什么都重要。"[114]宗白华认为，恋爱诗是乐观的文学，"爱"与"乐观"可以促进生命力，增长生命力，而这恰恰是当时奄奄一息的中华民族最需要的强心剂。因此，他大力提倡"纯洁真挚的恋爱诗"，他相信这种积极乐观的恋爱诗歌，对于中国文学以及社会的进步大有裨益。

除了自己创作爱情诗之外，宗白华也积极支持、鼓励其他年轻人创作乐观的、积极的新诗。当时年轻诗人汪静之的诗集《蕙的风》出版后，诗集中多次出现对恋人容貌体态和恋爱中行为的描写，与当时大多数新诗人相比，显得更为大胆，因此引起一群封建卫道士的群起而攻之。宗白华在给柯一岑的信中,旗帜鲜明地说:"在这个老气深沉、悲哀弥漫,压在数千年重担负下的中国社会里,竟然有个二十岁天真的青年,放情高唱少年天真的情感,没有丝毫的假饰,没有丝毫的顾忌,颂扬光明,颂扬恋爱,颂扬快乐,使我这个数千里外的旅客,也鼓舞起来,高唱起来,感谢他给我的快乐。"[115]

那段时间,宗白华用一首首流云般的小诗,表达自己的情感与心境,表达对艺术、美以及宇宙的感触与理解,表达自己的所思所想。有感于"国人美感的不振",他创作了《月底悲吟》;感叹于生命的活力与美好,他创作了《生命的河》与《生命的流》。心居诗境,何处无诗。心花烂漫,只需一撷。宗白华感叹:

> 啊,诗从何处寻??
> 在细雨下,点碎花花声!
> 在微风里,飘来流水音!
> 在蓝空天末,摇摇欲坠的孤星![116]

《流云》出版后,引起轰动。宗白华将全部版税捐给了少年中国学会,以做创办学校之用。1929 年 9 月,《流云》经宗白华自己增删修改,书名改为《流云小诗》,由上海亚东图书馆再版。

"五四"前后,旧体诗形式上的束缚令青年们感叹中国诗歌垂暮已晚,不破则不立,于是倡导打破章法格律的种种束缚,以白话俗语入诗,真实、灵活、诚挚的表达人的思想情感和理想志趣。这个时期,青年知识分子们纷纷创作、发表新体诗,其中以冰心为代表,更兴起一小股创作小诗的热潮。宗白华在小诗一派中,有着重要地位。"就他的艺术成就看,仅次于冰心和刘大白,可位于前三名(其余写小诗的诗人还有朱自清、俞平伯、康白情、汪静之、潘漠华、应修人、冯雪峰等)。"[117]宗白华的"流云"小诗,意境耐人寻味,哲思幽深淡远,艺术魅力经久不衰,为多家出版社多次印刷出版。

"从人生的愁云中,织成万古诗歌。"[118]"流云"小诗,成就了宗白华诗情诗韵。正如他所说:"黑夜的影将去了,人心里的黑夜也将去了!我愿乘着晨光,呼集清醒的灵魂,起来颂扬初生的太阳。"[119]纵然千帆过尽,宗白华的一颗诗心,始终向着光、向着美、向着无限可能的未来,涌动!

第五节 哲思与美意

> 我们创造小己人格最好的地方就是在大宇宙的自然境界间,我们常常走到自然境界流连观察,一定于我们的人格心襟很有影响。
>
> ——宗白华:《中国青年的奋斗生活与创造生活》,载金雅主编、王德胜选编《中国现代美学名家文丛·宗白华卷》,浙江大学出版社 2009 年版,第 18 页。

从二十岁发表处女作《萧彭浩哲学大意》到二十八岁留学归国,在此期间宗白华发表了一系列哲学、文艺、美学文章,他的诗情与慧思也逐渐走向清朗澄澈。他从哲学中开出"诗"之花,又让"诗"之花在美思中盛放。

一、追问宇宙生命

宗白华少年求学期间,就产生了对哲学浓厚的兴趣。西方的叔本华、康德、柏格森,中国的老庄、禅宗,都曾让他徜徉。哲学追问我们是谁?我们来自何方?我们去往何方?它寻求人生的意义、宇宙的真理,追求一种更智慧的生活方式。身处乱世的宗白华,在哲学的世界中找到了一隅安身之地。同时,他将哲学带给他的启悟,融进了对新文化、新社会、新中国的理想中。他积极介绍叔本华、康德等人以及欧洲哲学,哲学疗愈了他,他希望哲学疗愈当时的国人。在生命的哲思中，一种审美的、艺术的人生观悄然而生。

1917 年到 1924 年间，宗白华发表的主要哲学文章有：《萧彭浩哲学大意》（《丙辰》第 4 期 1917 年 6 月 1 日）、《康德唯心哲学大意》（《晨报·哲学丛谈》1919 年 5 月 16 日）、《康德空间唯心说》（《晨报·哲学丛谈》1919 年 5 月 22 日）、《哲学杂述》（《少年中国》第 1 卷第 2 期 1919 年 8 月 15 日）、《说唯物派解释精神现象之谬误》（《少年中国》第 1 卷第 3 期 1919 年 9 月 15 日）、《叔本华之论妇女》（《少年中国》第 1 卷第 4 期 1919 年 10 月 5 日）、《欧洲哲学的派别》（《时事新报·学灯》1919 年 10 月 29 日、30 日及 1919 年 12 月 5 日、6 日、7 日）、《读柏格森"创化论"杂感》（《时事新报·学灯》1919 年 11 月 12 日）、《科学的唯物宇宙观》（《少年中国》第 1 卷第 6 期 1919 年 12 月 15 日）、《对于现在学哲学者的希望》（《时事新报·学灯》1920 年 3 月 19 日）、《读书与自动的研究》（《时事新报·学灯》1920 年 4 月 7 日）等。

叔本华是宗白华较早接触的德国哲学家之一。宗白华的处女作就是介绍叔本华哲学的文章《萧彭浩哲学大意》。叔本华对宗白华的影响不容小觑，"拿叔本华的眼睛看世界"是宗白华的一句座右铭。宗白华所秉持的审美眼光、处世态度，可以在叔本华那里追溯到某种源头。宗白华说："人之一生，往来于苦与无聊间而已。唯天才能忘其小己，用其心于宇宙观察，或天然风景，或学术文章，或万物之情，或社会人事，唯纯然客观，不动于心，不生私念，然后著之书册，形之歌咏，笔之图画，写之小说，宇宙现象之真，于焉以得，此天才之有益人世者也。至其一己，则能翛然物外，不感人世之苦，惟知识发达。高者，必其意志亦甚强，故往往感情之浓，远超庸常，于诗人可以见之。"[120]

就叔本华的哲学思想，宗白华还撰写了《叔本华之论妇女》，以及《读书与自动的研究》等文。在《叔本华论妇女》一文中，他说叔本华"眼光非常明透，虽然心中厌恶女子，把女子的弱点发阐尽致，对于女子优点,亦不为隐蔽,照直写出"[121]。《读书与自动的研究》则主要讨论"从过去学者的遗籍"、"从社会、人生与自然的直接观察"这两种获取知识的方式,宗白华和叔本华一样,更认可后者。他在文中说:"叔本华说:读书时拿他人的头脑,代替自己的思想。读书读久了,当会使自己的思想,不能成一个有系统的自内的发展";"我们要直接的向大自然的大书中读那一切真理的符号,不要专在书房中,守着古人的几篇陈言。我们要晓得古人留下来的书籍,好比是他在一片沙岸上行走时留下来的足印。我们虽可以从他这足印中看出他所行走的道路与方向;但却不能知道他在道路所看见的是些什么景物,所发生的是些什么感想;我们果真要了解这书籍中的话,获得这书籍的益,还是要自己按着这书籍所指示的道路,亲自去行走一番,直接的看这路上有些什么景物,能发生些什么感想。"[122]亲身观察和体验自然、社会、人生,可以说是宗白华的信条,他经常步入自然、社会中,观察一切,思想一切,世界万事万物都能触动他的灵机,触发他的妙想。

深刻影响宗白华的德国哲学家,除了叔本华之外,再就是康德了。叔本华影响了宗白华看待世界、观照人生的方式,康德则很大程度上塑造了宗白华的哲学观念以及日后学术发展的方向。1919年5月16日与22日,宗白华在北京《晨报·哲学丛谈》上发表了两篇极有影响力的研究康德哲学的文章——《康德唯心哲学大意》、《康德空间唯心说》。这两篇文章是由1919年3月1日少年中国学会上海分会的学术谈话会上宗白华的演讲稿整理的。在《康德唯心哲学大意》中,宗白华认为康德哲学汇集了唯物、实证两大哲学派别的精义,"以建立其最高唯心之理,体大思精,包罗万象。唯物、实证两派,实含摄其中。存其真义,去其偏执,破收并行,以成康德,证据坚确,千古不易之唯心哲学"[123]。他介绍康德哲学将世界分为现象界与自在之物:"康德分别两种心相,一曰形而下心相。一曰形而上心相。色声香味触者,形而下心之所取心相也。物质世界,运动迁流,占据于空间时间,立于色相世界之后者,形而上心之所取相也。"[124]宗白华将康德哲学与佛学进行了联系对比,指出:"康德书中,最精两语,即是说一切诸法,具有形下实相(对形下之心言),而同时为形上虚相(对形上之心言),事理无二,几于佛矣。《易》云:形而上者谓之道,形而下者谓之器。佛家性宗谓诸法即空即假即中。与康德之意,不谋而合。东西圣人,心同理同,此之谓欤!"[125] 这种东西比较的研究视野,此后一直保留在宗白华的学术研究中。《康德空间唯心说》一文,则介绍了康德的"先天综合判断"概念及时间空间、本体不可知论等思想。宗白华在文末总结道:"然宇宙间诸事诸象,无不有始终,有边际,而兹空间时间者,竟无边际始终可说,则其与宇宙诸物当然异体。宇宙诸象,不能离空时以现。而空时自相,竟不可觉。吾人但见诸物,不见真空,但觉事变,不觉真时,而时间空间,心相宛然,不能舍空时以思物。呜呼! 空时果何物耶? 康德曾名为不可思议之怪物,良有以也。"[126] 这两篇介绍康德思想的文章虽然简短,但是透辟到康德哲学思想的精深所在。由于这两篇文章的写作风格采用半文言文的形式,文字老练精深,也难怪胡适会觉得宗白华是位久研康德的"老先生"!

柏格森的哲学思想也曾经启发了宗白华。1919 年 11 月 12 日,宗白华在《学灯》发表《读柏格森"创化论"杂感》,首先介绍了柏格森的"直觉"概念:"他所说的'直觉'就是直接体验吾人心意的绵延创化以窥测大宇宙的真相","柏格森注意直觉,就是教人注重吾人直接经验的心意现象。这心意现象'绵延创化'是他哲学的基础。"[127] 宗白华进而指出柏格森将知识划分为"本能知识"与"智慧知识",诗家偏向"本能直觉的知识",科学家偏向于"智慧推理的知识",而哲学家能将二家的天资融合为一。宗白华对柏格森的观点深以为然,他说:"其实古来天才的知识皆是如此。天才所创造的思想与发明大半是由一种茫昧的冲动,无意识的直感,渐渐光明,表现出来,或借学说文章,或借图画美术,使宇宙真相得显示大众,促进人类智慧道德的进化。"[128] 因此他认为"柏格森的创化论中深含着一种伟大入世的精神,创造进化的意志,最适宜做我们中国青年的宇宙观"[129]。

除对西哲思想的单个介绍,宗白华也从宏观视野对哲学进行了系统观照。他的《哲学杂述》介绍了"宇宙迷"、"实证哲学派"、"唯心哲学派"等哲学流派;《欧洲哲学的派别》较为全面、系统地介绍了欧洲的认识论、本体论。宗白华认可"这世界是物质",但他也极其重视心灵、精神、意志对人和世界的关键作用。

哲学启迪宗白华智慧地看待世界、看待宇宙,也启迪他如何对待生活、对待人生。哲学的最终目的涉及人的"终极关怀",让人更智慧的看待世界与生命、生活与人生,在"何处是故乡"的精神追问中寻找心灵的安放。民国时期,内忧外患,生灵涂炭,民不聊生,这样的乱世下,人的心灵同样被放逐了,精神意志更是无处谈起。可人并不完全是物质的奴隶,人的可贵就在于不向命运低头,勇于向命运反抗的精神意志。宗白华深深明白这一点,他多次撰写与生活观、人生观相关的文章,期冀重建动荡年代下人的积极的人生态度。这些文章有:《说人生观》(《少年中国》第1卷第1期1919年7月15日)、《青年烦闷的解救法》(《解放与改造》第2卷第6期1920年3月15日)、《怎样使我们生活丰富?》(《时事新报·学灯》1920年3月21日)、《新人生观问题的我见》(《时事新报·学灯》1920年4月19日)等。

《说人生观》是宗白华发表的第一篇关于人生观的文章。他指出宇宙观和人生观是人生命中至关重要的两个因素:"思穷宇宙之奥,探人生之源,求得一宇宙观,以解万象变化之因,立一人生观,以定人生行为之的。"[130]他认为,人生观由宇宙观决定,人生观可分为乐观、悲观、超然观三种。乐观可分为乐生派、激进入世派、佚乐派;悲观可分为遁世派、悲愤自残派、消极纵乐派;超然观可分为旷达无为派、消闲派。宗白华系统阐述、评价这些不同类型人生观的特点和表现,对当时的青年们具有一定的警醒意义。

写《青年烦闷的解救法》时,宗白华已是《学灯》的主编,这时他的学术研究兴趣开始从哲学转向诗学、文艺学,审美性反思开始出现在他论说生活观、人生观的文章中。当时中国的许多青年，对旧学术、旧思想、旧文化都有了质疑的态度，而新学术、新思想、新文化都还没有完全形成，精神尚处于极度空虚、盲目的状态。面对这种"青年烦闷"，宗白华提出了三种解决方式：（一）唯美的眼光；（二）研究的态度；（三）积极的工作。其中，"唯美的眼光"是他的主要主张。他说："唯美的眼光，就是我们把世界上社会上各种现象，无论美的，丑的，可恶的，龌龊的，伟丽的自然生活，以及鄙俗的社会生活，都把他当作一种艺术品看待——艺术品中本有表写丑恶的现象的——因为我们观览一个艺术品的时候，小己的哀乐烦闷都已停止了，心中就得着一种安慰，一种宁静，一种精神界的愉乐。我们若把社会上可恶的事件当作一个艺术品观，我们的厌恶心就淡了，我们对于一种烦闷的事件作艺术的观察，我们的烦闷也就消了。"[131]

宗白华这里将"唯美的眼光"引向了"艺术的人生观"。他倡导经常欣赏艺术，与艺术常接触，使自己逐渐生成一种超越小己的"艺术人生观"，"这种艺术人生观就是把'人生生活'当作一种'艺术'看待，使他优美、丰富、有条理、有意义"[132]。他认为，"艺术的人生观"不仅可以"减少小己的烦闷和痛苦"，而且可以"替社会提倡艺术的教育和艺术的创造"。此时，宗白华的审美视野和人生态度都开始呈现出超越小我的格局，体现出将审美、艺术、人生相统一的一种视野与方法。

在《怎样使我们生活丰富？》中，宗白华谈到，在自然社会中，可以对某一种对象作出艺术的、人生的、社会的、科学的、哲学的等不同方式的观察。他用自己的经历，举了一个生动的例子："我有一次黄昏的时候，走到街头一家铁匠门首站着。看见那黑漆漆的茅店中，一堆火光耀耀，映着一个工作的铁匠，红光射在他半边的臂上、身上、面上，映衬着那后面一片的黑暗，非常鲜明。那铁匠举着他极健全丰满的腕臂，取了一个极适当协和的姿势，击着那透红的铁块，火光四射，我看着心里就想道：这不是一幅极好的荷兰画家的画稿？我心里充满了艺术的思想，站着看着，不忍走了。心中又渐渐的转想到人生问题，心想人生最健全最真实的快乐，就是一个有定的工作。我们得了它有一定的工作，然后才得身心泰然，从劳动中寻健全的乐趣，从工作中得人生的价值。社会中真实的支柱，也就是这班各尽所能的劳动家。将来社会的进化，还是靠这班真正工作的社会分子，决不是由于那些高等阶级的高等游民。我想到此地，则是从人生问题，又转到社会问题了。后来我又联想到生物学中的生存竞争说，又想到叔本华的生存意志的人生观与宇宙观，黄昏片刻之间，对于社会人生的片段，作了许多有趣的观察，胸中充满了乐意，慢慢地走回家中，细细地玩味我这丰富生活的一段。"[133]

在《新人生观问题的我见》中，宗白华进一步阐发了"艺术的人生观"的内涵。宗白华提出了两种新人生观：（一）科学的人生观；（二）艺术的人生观。"科学的人生观"就是从科学中梳理出生活的原则，再用这种原则来考量生活，寻求人生生活的内容和人生行动的标准。而"艺术的人生观"，就是"从艺术的观察上推察人生生活是什么，人生行为当怎样"[134]。他说，"艺术的人生态度"，就是将美好的艺术理想引入生活，作为理想生活的参照。他认为："艺术创造的作用，是使他的对象协和，整饬，优美，一致。我们一生的生活，也要能有艺术品那样的协和，整饬，优美，一致。总之，艺术创造的目的是一个优美高尚的艺术品，我们人生的目的是一个优美高尚的艺术品似的人生。这是我个人所理想的艺术的人生观。"[135]

"艺术的人生观"，作为看待人生的审美眼光，它也是对人生、对世界的一种哲性思考。"把人生与艺术结合起来，以艺术的理想性、超越性的眼光来看待世界与人生，意在克服现实人生中的矛盾与缺陷，为人生实践指出一个可行的方向。"[136]用艺术的方式来面对人生，虽然不是宗白华思考人生与世界的唯一路径，但却是他最为心仪的。宗白华的哲学观照，不止于西方式的对无限形上的终极追问，而是将哲学的旨向转至对具体人生的思考。这种哲思路径，不仅发扬了哲学所蕴含的形上维度和人文意蕴，也架构起艺术、哲学、人生间的桥梁。

二、赏味文学艺术

1919年夏天，宗白华曾对田汉说："你是由文学渐渐的入手哲学，我恐怕要从哲学渐渐的结束在文学了。"[137]在文学艺术中，宗白华感受到了宇宙的真、人生的美。他认为哲学应是一首"宇宙诗"，人要在"诗"的情韵中，去探寻人生的奥义。于是，他开始关注新诗、关注文学、关注戏曲，开始关注艺术与美。在哲思与美意的共同浇灌下，宗白华孕育出人生的"诗"美。

这一阶段，宗白华发表的关于文艺学、美学的文章有《新诗略谈》（《少年中国》第1卷第8期1920年2月15日）、《新文学底源泉》（《时事新报·学灯》1920年2月23日）、《戏曲在文艺上的地位》（《时事新报·学灯》1920年3月30日）、《美学与艺术略谈》（《时事新报·学灯》1920年3月10日）、《艺术生活》（《少年中国》第2卷第7期1921年1月15日）等。

《新诗略谈》是宗白华1920年2月15日发表的第一篇关于诗学的文章。当时主编《学灯》的宗白华，接触到了新文化运动推崇的新文学，在郭沫若、康白情等人的影响下，他对新诗也产生了浓厚的兴趣。有一日，宗白华与康白情就"新诗"展开讨论，对如何能写出好的真的新体诗，你一言我一语地交流意见，这次讨论给宗白华带来了非常大的启发，于是诞生了这篇文章。在《新诗略谈》中，宗白华认为诗的内容可以分为"形"与"质"，"诗的'形'就是诗中的音节和词句的构造；诗的'质'就是诗人的感想情绪"[138]。因此，要做出好诗真诗，不仅要涵养诗人人格，"养成优美的情绪、高尚的思想、精深的学识"；还要进行写诗的艺术训练，"写出自然优美的音节，协和适当的词句"[139]。对于如何提升诗的形式的方法，宗白华主张向音乐与绘画借鉴，诗的文字要既能听出音乐式的节奏与协和，又能表现出空间的形象与色彩,优秀的诗作应该能够使诗中的词句匹配合适优美的音节,使诗中的文字表现出如画的境界。宗白华指出:"图画本是空间中静的美,音乐是时间中动的美,而诗恰是用空间中闲静的形式……文字的排列……表现时间中变动的情绪思想。所以我们对于诗,要使他的'形'能得有图画的形式的美,使诗的'质'(情绪思想)能成音乐式的情调。"[140] 对于如何涵养诗人的人格,宗白华提出三种方式:哲理研究、自然中活动、社会中活动。宗白华特别重视自然对诗人人格养成的作用。他说:"在自然中的活动是养成诗人人格的前提。因'诗的意境'就是诗人的心灵,与自然的神秘互相接触映射时造成的直觉灵感,这种直觉灵感是一切高等艺术产生的源泉,是一切真诗、好诗的(天才的)条件。"[141] 对自然的重视与热忱,在宗白华少年时期就已显露,可以说贯穿他的一生。

《新文学底源泉》与《新诗略谈》同月发表,此文副标题为"新的精神生活内容底创造与修养",文章意趣与《新诗略谈》一脉相承。宗白华感叹中国旧文学缺乏真实精神、生命活力,他呼吁中国文学必须要创新,"新时代必有新文学","文学的形式与内容必将表现新式的色彩,以代表时代的精神"[142]。接着,宗白华指出新文学创造的具体方法,一方面是"打破中国人旧式的文学脑筋",从根本上进行改造;另一方面是创造新文学的精神内容,以此作为新文学的实质基础。针对如何改造旧文学脑筋为新文学精神,宗白华提出了两种途径:(一)科学精神的洗涤,"以科学的精神,使旧文学脑筋的笼统、空泛、虚伪、因袭等弊,完全打破,改成分析的眼光,崇实的精神。用深刻的艺术手段,写世界人生的真相"[143]。(二)新精神生活内容的创造,"文学的实际,本是人类精神生活中流露喷射出的一种艺术工具,用以反映人类精神生命中真实的活动状态。简单言之,文学自体就是人类精神生命中一段的实现,用以表写世界人生全部的精神生命。所以诗人的文艺,当以诗人个性中真实的精神生命为出发点,以宇宙全部的精神生命为总对象。文学的实现,就是一个精神生活的实现。

文学的内容,就是以一种精神生活为内容。这种'为文学底质的精神生活'底创造与修养,乃是文人诗家最初最大的责任"[144]。在此文中,宗白华进一步指出文人诗家的精神生活的性质应当是"真实"、"丰富"、"深透"的。他说:"(一) 什么叫真实? 真实就是诗人对于人类底各种感觉思想——他诗文中所写出的各种感觉思想——都是自己实在经历过的,绝不是无病呻吟,凭空虚构的。他对于自然的各种现象——他诗文中所描写的自然现象——也都是直接体验来的,绝不是堆积词藻,徒存想象的。像这样从真实的精神生命中表现出的文学,才含有真实的精神,生命的活气。(二) 什么叫丰富? 丰富就是诗人的精神生活中具有多方面感觉情绪与观察。他心中曾经悬过普遍人类所具有的各种感觉思想,他的诗文是代表普遍人性的诗文。他精神生活的内容,扩充至极,能代表全人类的精神生活。人类精神中所有一点微细奇异的感觉,他无不感觉过。这种诗人颇不多见。莎士比亚与哥德庶几及此。他们的诗曲中几乎将人性中普遍所有状态,都表写尽致。所以能称世界的诗人、人类的歌者。(三) 什么叫深透? 深透就是诗人对于人性中各种情绪感觉,不单是经历过,并且他经历的强度比普通人格外深浓透彻些。他感觉到人类最高的痛苦与最浓的快乐。然后他将这种感觉淋漓尽致地写了出来,自然能深切动人,人人肺腑。所以诗人的精神生活要深浓透彻。这三种性质,是诗家文人应养成的精神生活。他们若具有了这么一种真实、丰富、深透的精神生活,实现出来,发而为诗文剧曲,当然就能表现真实的精神,丰富的色彩,深透的作用。"[145]宗白华强调,要解决新文学创作的问题,最先应该解决的就是诗人文学家的精神、思想、意志。"中国新文学的源泉,就是新文学家所创造修养的新精神生活底内容。"[146]他始终相信人的精神意志的崇高作用。面对风刀霜剑,他欣赏叩问世界、叩问宇宙的不屈灵魂。

新文化运动期间,国内各种艺术思潮涌动,宗白华心里很高兴,他对美学和艺术的研究也日渐增多。1920 年 3 月 10 日,宗白华发表《美学与艺术略谈》，介绍了德国美学家、心理学家梅伊曼（Meumann）的美学分类，总结美学的主要研究内容是："以研究我们人类美感底客观条件和主观分子为起点，以探索'自然'和'艺术品'的真美为中心，以建立美的原理为目的，以设定创造艺术的法则为应用。"[147] 关于艺术的定义，宗白华认为，从客观方面来讲，艺术就是"人类底一种创造的技能，创造出一种具体的客观的感觉中的对象，这个对象能引起我们精神界的快乐，并且有悠久的价值"[148]；从主观方面来讲，"艺术就是艺术家底理想情感底具体化，客观化，所谓自己表现（Selfexpression）"[149]。宗白华认为，艺术的目的在于纯洁的精神的快乐，艺术的起源在于一个民族精神或一个艺术家的自然冲动的创作。"艺术底源泉是一种极强烈深浓的，不可遏止的情绪，挟着超越寻常的想象能力。这种由人性最深处发生的情感，刺激着那想象能力到不可思议的强度，引导着他直觉到普通理性所不能概括的境界，在这一刹那顷间产生的许多复杂的感想情绪底联络组织，便成了一个艺术创作的基础。"[150] 宗白华强调艺术创作并不是单纯模仿自然，而是艺术家自由自然的创造过程，因为艺术创造是选择最合适的材料，对之加以理想化、精神化，使艺术成为人类最高精神的自然表现。他盛情赞叹艺术，"艺术是自然中最高级创造，最精神化的创造"[151]。他认为，越是进化高级的艺术，所凭借的物质材料就越少，因此"诗歌是艺术中之女王"[152]。文章将艺术分为三类：1. 目所见的空间中表现的造形艺术：建筑，雕刻，图画；2. 耳所闻的时间中表现的音调艺术：音乐、诗歌；3. 同时在空间时间中表现的拟态艺术：跳舞、戏剧。《美学与艺术略谈》是宗白华发表的第一篇美学与艺术学文章，也是中国现代美学和艺术学早期的一篇重要文章。

1930 年 3 月 30 日，《学灯》刊出了宋春舫的《改良中国戏曲》一文，宋春舫主张保留戏曲，戏曲作为一种艺术形式，可以不分时代，也不讲主义，因此应当对戏曲进行改良，而不应废除。这篇文章引起了宗白华对戏曲的思考，他写了《戏曲在文艺上的地位》一文回应。宗白华认可中国旧式戏曲需要改良，但他同时指出中国戏曲改良是一件非常困难的事。"一因旧式戏曲中人积习深厚，积势洪大，不容易接受改良运动。二因中国旧式戏曲中，有许多坚强的特性，不能够根本推翻，也不必根本推翻。"[153]他主张："一方面，固然要去积极设法改革旧式戏曲中种种不合理的地方，一方面还是去创造纯粹的独立的有高等艺术价值的新戏曲。那么，我们第一步事业，就是制造新剧本。这种剧本的制作有两种：一是翻译欧美名剧，一是自由创造。"[154]宗白华指出戏曲文学融合了抒情文学与叙事文学，目的是"表写那些能发生行为的情绪和那激成行为的事实"，因此戏曲就是表现"行为"的艺术。他说，戏曲是文艺中最高的，也是最难的制作，因为它与人类的精神活动、思想感情是密切相关的，只有人的精神、思想、情感发展到一定阶段，文学艺术得到相应的发展，在此基础上才会产生戏曲艺术。宗白华以辩证、客观的态度审视戏曲艺术，站在历史发展的高度，强调戏曲艺术的发展要既稳扎稳打又开拓创新。

此时，宗白华的兴趣已从最初的哲学，转向了文学艺术，同时保留了对自然的热爱。他认识到哲学、艺术、生活、自然之间的互通，寻求创构艺术化的"诗"境般的生活。

《艺术生活》发表于 1921 年 1 月 15 日，副标题是"艺术生活与同情"，是宗白华留德期间所作。文章大力标举"同情"是艺术生活的源泉与目的，宗白华为"同情"高呼："艺术的生活就是同情的生活呀！无限的同情对于自然，无限的同情对于人生，无限的同情对于星天云月，鸟语泉鸣，无限的同情对于死生离合，喜笑悲啼。这就是艺术感觉的发生，这也是艺术创造的目的！"[155]此文非在浪漫恣意的情绪下不可作，宗白华在文中赞叹情感在社会、人生中的重要作用，"同情"在这里是一种不可或缺的基础，"同情是社会结合的原始，同情是社会进化的轨道，同情是小己解放的第一步，同情是社会协作的原动力"，"'同情'本是维系社会最重要的工具。消灭同情，则社会解体。"[156]而最能体现出"同情"的，"真能结合人类情绪感觉的一致者"，宗白华提出只有通过艺术才能实现，艺术能使社会上大多数人的心琴，共同进入同一曲音乐之中。艺术创作的典型作品，涵纳了社会上的共同情感、共同理想、共同精神，"使全社会情感荡漾于一波之上。"不仅艺术的目的能引起"同情"，艺术的起源也是"由人类社会的'同情心'的向外扩张到大宇宙自然里去"[157]。"同情"解放小我而纵化大我之中，与全人类的思想、情感、精神一起颤动，与自然间的万事万物同频共振，那么"全宇宙就是一个大同情的社会组织"，这个"大同情的自然"，就是一个纯洁高尚的艺术世界。诗人、艺术家在这个世界中，肆意挥洒，纵情创造！

"艺术世界的中心是同情，同情的发生由于空想，同情的结局入于创造。于是，所谓艺术生活者，就是现实生活以外一个空想的同情的创造的生活而已。"[158]《艺术生活》一文，用极度诗意浪漫的语言，向我们展示出宗白华内心的缱绻多情以及他对同情与艺术生活关系的独特思考。他的同情观与艺术观不仅涉及美学、艺术学的重要问题，其中更有对人生诗境、美丽生命的哲思。此文是作为美学家的宗白华一生中具有标志性意义的一篇文章。宗白华曾经说，自己一生的事业，都将书写"宇宙诗"，这篇《艺术生活》可以说是这首独特的大"诗"的悠扬前奏。此后，对"美"的叩思，成为他一生追寻的星辰！

注释：

〔1〕宗白华：《人生》，载《流云小诗》，安徽教育出版社 2006 年版，第 4 页。

〔2〕〔4〕宗白华：《少年中国学会回忆点滴》，载《宗白华全集·3》，安徽教育出版社 2008 年版，第 580 页；第 579 页。

〔3〕张允侯等：《五四时期的社团·一》，北京三联书店出版 1979 年版，第 221 页。

〔5〕王光祈：《本会发起之旨趣及其经过情形》，《少年中国学会会务报告》第 3 期，1919 年 5 月 1 日，第 15 页。

〔6〕杨振武、周和平:《红色起点:中国共产主义运动早期稀文献汇刊(少年中国)一卷一期》中西书局 2012 年版,第 44 页。

〔7〕〔73〕左舜生等:《王光祁先生纪念册》,文海出版社 1936 年版,第 22 页;第 35 页。

〔8〕〔21〕〔61〕〔62〕〔77〕〔78〕〔103〕〔117〕邹士方:《宗白华评传》,西苑出版社 2013 年版,第 17 页;第 30 页;第 49 页;第 49 页;第 68 页;第 73 页;第 85 页;第 93 页。

〔9〕宗白华:《致北京少年中国学会同志书》,载《宗白华全集·1》,安徽教育出版社 2008 年版,第 26 页。

〔10〕《北京少年中国学会同人致上海本会同志书》,载《宗白华全集·1》,安徽教育出版社 2008 年版,第 27 页。

〔11〕〔12〕〔28〕宗白华:《致〈少年中国〉编辑诸君书》,载《宗白华全集·1》,安徽教育出版社 2008 年版,第 52 页;第 53 页;第 52 页。

〔13〕〔22〕〔23〕〔24〕宗白华:《为什么要爱国——中国可爱的地方在哪里》,载金雅主编、王德胜选编《中国现代美学名家文丛·宗白华卷》,浙江大学出版社 2009 年版,第 63 页;第 62 页;第 63 页;第 63 页。

〔14〕宗白华:《理想中少年中国之妇女》,载《宗白华全集·1》,安徽教育出版社 2008 年版,第 84 页。

〔15〕〔16〕宗白华:《中国青年的奋斗生活与创造生活》,载金雅主编、王德胜选编《中国现代美学名家文丛·宗白华卷》,浙江大学出版社 2009 年版,第 17 页;第 14 页。

〔17〕〔18〕《时事新报·学灯》,1918 年 3 月 4 日;1919 年 11 月 18 日。

〔19〕〔20〕宗白华:《〈学灯〉栏宣言》,载《宗白华全集·1》,安徽教育出版社 2008 年版,第 132 页;第 133 页。

〔25〕〔26〕〔27〕宗白华:《关于“一个问题的商榷”讨论结束时的编者按语》,载《宗白华全集·1》,安徽教育出版社 2008 年版,第 110 页;第 110 页;第 111 页。

〔29〕《告上海新文化运动的诸同志》,载《宗白华全集·1》,安徽教育出版社 2008 年版,第 144 页。

〔30〕宗白华:《答陈独秀先生》,载《宗白华全集·1》,安徽教育出版社 2008 年版,第 136 页。

〔31〕宗白华:《〈禹治九河考〉等编辑后语》,载《宗白华全集·2》,安徽教育出版社 2008 年版,第 307 页。

〔32〕宗白华:《我对于新杂志界的希望》,载《宗白华全集·1》,安徽教育出版社 2008 年版,第 163 页。

〔33〕宗白华:《对于"新上海建设"的一点意见》,载《宗白华全集·1》,安徽教育出版社 2008 年版,第 177 页。

〔34〕〔35〕宗白华:《讨论译名的提倡》,载《宗白华全集·1》,安徽教育出版社 2008 年版,第 200 页;第 201 页。

〔36〕《沈雁冰致宗白华函》,载《宗白华全集·1》,安徽教育出版社 2008 年版,第 203 页。

〔37〕宗白华:《中国的学问家——沟通——调和》,载《宗白华全集·1》,安徽教育出版社 2008 年版,第 114 页。

〔38〕《郭沫若致宗白华函》,载《宗白华全集·1》,安徽教育出版社 2008 年版,第 152 页。

〔39〕郭沫若:《我的作诗的经过》,载《郭沫若全集:文学编第 16 卷》,人民文学出版社 1989 年版,第 215 页。

〔40〕闻一多:《〈女神〉之时代精神》,《创造周报》第 4 号,1923 年 6 月 3 日。

〔41〕〔42〕〔43〕〔44〕〔45〕〔46〕〔47〕〔48〕〔49〕〔50〕〔52〕〔57〕〔58〕〔59〕〔63〕〔64〕〔65〕〔66〕〔67〕〔68〕〔69〕〔137〕宗白华、田汉、郭沫若:《三叶集》,安徽教育出版社 2006 年版,第 7 页;第 7 页;第 8 页;第 10 页;第 22 页;第 24 页;第 22 页;第 79 页;第 42 页;第 55 页;第 19 页;第 8 页;第 15 页;第 7 页;第 106 页;第 3 页;第 20 页;第 35 页;第 12 页;第 38 页;第 67 页;第 20 页。

〔51〕郭沫若:《创造十年》,现代书局 1932 年版,第 79 页。

〔53〕郭沫若:《序我的诗》,载《沫若文集·第 13 卷》,人民文学出版社 1961 年版,第 121 页。

〔54〕郭沫若:《1920 年 8 月 24 日给陈建雷的信》,载《新的小说》,1920 年 10 月第 2 卷第 2 期。

〔55〕〔56〕〔71〕陈明远:《宗白华谈田汉》,载《新文学史料》1983 年第 4 期。

〔60〕郭沫若:《凫进文艺的新潮》,载《郭沫若佚文集·下册》,四川大学出版社 1988 年版,第 96 页。

〔70〕郭沫若：《郭沫若书信集·下》，中国社会科学出版社 1992 年版，第 452 页。

〔72〕杨牧：《宗白华的美学与歌德》，载《美学的散步》，台湾洪范书店 1981 年版，第 6 页。

〔74〕宗白华：《自德见寄书》，载《宗白华全集·1》，安徽教育出版社 2008 年版，第 320 页。

〔75〕林同华：《哲人永恒，"散步"常新——忆宗师白华的教诲》，《学术月刊》，1994 年第 3 期。

〔76〕〔85〕〔86〕〔87〕〔93〕宗白华：《致柯一岑书》，载金雅主编、王德胜选编《中国现代美学名家文丛·宗白华卷》，浙江大学出版社 2009 年版，第 74 页；第 73 页；第 73 页；第 74 页；第 74 页。

〔79〕〔80〕〔81〕〔83〕〔84〕〔88〕宗白华：《看了罗丹雕刻以后》，载金雅主编、王德胜选编《中国现代美学名家文丛·宗白华卷》，浙江大学出版社 2009 年版，第 160 页；第 161 页；第 163 页；第 160 页；第 160 页；第 163 页。

〔82〕〔90〕〔91〕〔92〕宗白华：《我和诗》，载金雅主编、欧阳文风等选鉴《宗白华哲诗人生论美学文萃》，中国文联出版社 2017 年版，第 221 页；第 223 页；第 223 页；第 223 页。

〔89〕宗白华：《问祖国》，载《流云小诗》，安徽教育出版社 2006 年版，第 47 页。

〔94〕参见宗白华：《流云》，载《宗白华全集·1》，安徽教育出版社 2008 年版，第 333 页。

〔95〕宗白华：《人生》，载《流云小诗》，安徽教育出版社 2006 年版，第 4 页。

〔96〕宗白华：《解脱》，载《流云小诗》，安徽教育出版社 2006 年版，第 9 页。

〔97〕〔98〕〔99〕〔100〕〔102〕〔107〕宗白华：《无题》，载《流云小诗》，安徽教育出版社 2006 年版，第 62 页；第 63 页；第 64 页；第 65 页；第 66 页；第 82 页。

〔101〕宗白华：《慈母》，载《流云小诗》，安徽教育出版社 2006 年版，第 35 页。

〔104〕宗白华：《问》，载《流云小诗》，安徽教育出版社 2006 年版，第 28 页。

〔105〕宗白华：《月夜海上》，载《流云小诗》，安徽教育出版社 2006 年版，第 41 页。

〔106〕宗白华：《柏林之夜》，载《流云小诗》，安徽教育出版社 2006 年版，第 74 页。

〔108〕宗白华：《乞丐》，载《流云小诗》，安徽教育出版社 2006 年版，第 46 页。

〔109〕宗白华：《德国东海滨上散步》，载《流云小诗》，安徽教育出版社 2006 年版，第 93 页。

〔110〕宗白华：《别后》，载《流云小诗》，安徽教育出版社 2006 年版，第 52 页。

〔111〕宗白华：《系住》，载《流云小诗》，安徽教育出版社 2006 年版，第 54 页。

〔112〕〔113〕宗白华：《恋爱诗的问题》，载金雅主编、王德胜选编《中国现代美学名家文丛·宗白华卷》，浙江大学出版社 2009 年版，第 314 页；第 314 页。

〔114〕宗白华：《乐观的文学》，载金雅主编、王德胜选编《中国现代美学名家文丛·宗白华卷》，浙江大学出版社 2009 年版，第 316 页。

〔115〕宗白华：《〈蕙的风〉之赞扬者》，载《宗白华全集·1》，安徽教育出版社 2008 年版，第 431 页。

〔116〕宗白华：《诗》，载《流云小诗》，安徽教育出版社 2006 年版，第 27 页。

〔118〕宗白华：《诗人》，载《流云小诗》，安徽教育出版社 2006 年版，第 32 页。

〔119〕宗白华：《序》，载《流云小诗》，安徽教育出版社 2006 年版，第 3 页。

〔120〕宗白华：《萧彭浩哲学大意》，载金雅主编、王德胜选编《中国现代美学名家文丛·宗白华卷》，浙江大学出版社 2009 年版，第 105 页。

〔121〕宗白华：《叔本华之论妇女》，载《宗白华全集·1》，安徽教育出版社 2008 年版，第 42 页。

〔122〕宗白华：《读书与自动的研究》，载金雅主编、王德胜选编《中国现代美学名家文丛·宗白华卷》，浙江大学出版社 2009 年版，第 80 页。

〔123〕〔124〕〔125〕宗白华：《康德唯心哲学大意》，载金雅主编、王德胜选编《中国现代美学名家文丛·宗白华卷》，浙江大学出版社 2009 年版，第 107 页；第 107 页；第 108 页。

〔126〕宗白华：《康德空间唯心说》，载《宗白华全集·1》，安徽教育出版社 2008 年版，第 16 页。

〔127〕〔128〕〔129〕宗白华：《读柏格森"创化论"杂感》，载金雅主编、王德胜选编《中国现代美学名家文丛·宗白华卷》，浙江大学出版社 2009 年版，第 109 页；第 109 页；第 110 页。

〔130〕宗白华：《说人生观》，载金雅主编、王德胜选编《中国现代美学名家文丛·宗白华卷》，浙江大学出版社 2009 年版，第 3 页。

〔131〕〔132〕宗白华：《青年烦闷的解救法》，载金雅主编、王德胜选编《中国现代

美学名家文丛·宗白华卷》，浙江大学出版社 2009 年版，第 23 页；第
24 页。

〔133〕宗白华：《怎样使我们生活丰富》，载金雅主编、王德胜选编《中国现代美
学名家文丛·宗白华卷》，浙江大学出版社 2009 年版，第 27 页。

〔134〕〔135〕宗白华：《新人生观问题的我见》，载金雅主编、王德胜选编《中国现
代美学名家文丛·宗白华卷》，浙江大学出版社 2009 年版，第 11 页；第
11 页。

〔136〕金雅等：《中国现代人生论美学引论》，中国社会科学出版社 2020 年版，第
211 页。

〔138〕〔139〕〔140〕〔141〕宗白华：《新诗略谈》，载金雅主编、王德胜选编《中国现
代美学名家文丛·宗白华卷》，浙江大学出版社 2009 年版，第 309 页；第
309 页；第 310 页；第 310 页。

〔142〕〔143〕〔144〕〔145〕〔146〕宗白华：《新文学的源泉——新的精神生活内容的
创造与修养》，载金雅主编、王德胜选编《中国现代美学名家文丛·宗白华
卷》，浙江大学出版社 2009 年版，第 311 页；第 312 页；第 312 页；第 312 页；
第 313 页。

〔147〕〔148〕〔149〕〔150〕〔151〕〔152〕宗白华：《美学与艺术略谈》，载金雅主编、王
德胜选编《中国现代美学名家文丛·宗白华卷》，浙江大学出版社 2009 年
版，第 132 页；第 132 页；第 132 页；第 132 页；第 133 页；第 133 页。

〔153〕〔154〕宗白华：《戏曲在文艺上的地位》，载金雅主编、王德胜选编《中国现
代美学名家文丛·宗白华卷》，浙江大学出版社 2009 年版，第 334 页；第
334 页。

〔155〕〔156〕〔157〕〔158〕宗白华：《艺术生活——艺术生活与同情》，载金雅主编、
王德胜选编《中国现代美学名家文丛·宗白华卷》，浙江大学出版社 2009
年版，第 156 页；第 156 页；第 157 页；第 158 页。

访竹踏月

第三章 生命灵境

　　艺术家以心灵映射万象，代山川而立言，他所表现的是主观的生命情调与客观的自然景象交融互渗，成就一个鸢飞鱼跃，活泼玲珑，渊然而深的灵境。

　　——宗白华：《中国艺术意境之诞生》，载金雅主编、王德胜选编《中国现代美学名家文丛·宗白华卷》，浙江大学出版社2009年版，第213页。

宗白华学成归国，学识渊博，深情挚性，他的身上已褪去青涩。他投身教育，以自己的热和光，温暖更多的人。这时的宗白华，在雾漫岁月中，倾心感受美、叩问美、点亮美、信仰美，也呈现出自己生命的温厚、沉静、宏阔、灵韵。

第一节　返故乡

　　祖国！祖国！你这样灿烂明丽的河山，怎蒙了漫天无际的黑雾？你这样聪慧多才的民族，怎堕入长梦不醒的迷途？

　　——宗白华：《问祖国》，载《宗白华全集·1》，安徽教育出版社2008年版，第40页。

宗白华留学德国将近五年,这五年正是一个年轻人的风华正茂时。宗白华用赤子之心感受异国风土,获取先进知识,他是快乐的。但每每夜幕降临,万物沉睡时,他活跃的灵魂便开始在黑暗中寻找那闪烁光亮的归宿。他怀念家乡的恋人,忧虑祖国的命运,他知道自己的理想永远都在遥远的东方故土。

一、归途艺旅

1925年春天,二十八岁的宗白华回国。为了尽可能更多地了解欧洲文化、艺术、文明,他从柏林出发,特意绕道经过希腊、意大利等地,展开了他的游历欧洲艺术之旅。

宗白华最先到达的城市,是希腊的雅典。雅典是欧洲乃至世界最古老的城市之一,记载于册的历史长达三千多年,被誉为"西方文明的摇篮"。雅典也是欧洲哲学的发源地,这里诞生了苏格拉底、柏拉图、亚里士多德等一大批历史伟人,对欧洲及世界文化产生过重大影响。宗白华来到了雅典的帕特农神庙,欣赏庙内黄金象牙镶嵌的雅典娜女神像,雄伟粗壮、刚劲雄健的多立克式石柱,鬼斧神工、精美绝伦的浮雕,感受着雅典卫城和古希腊跨越时空传递给他的精神力量,深深地沉醉在这无言静谧的美之中。他还到访了希腊国家考古博物馆、卫城山博物馆、拜占庭博物馆等场所,深入感知历史长河中的希腊文明与艺术。

意大利是一个文化艺术历史悠久的欧洲国家。从彼特拉克所处的14世纪开始,意大利就是欧洲公认的"高级艺术之母",15世纪成为欧洲文艺复兴的发源地。那个时代,其他欧洲国家都坦承自己的野蛮、愚昧,无一例外把意大利推举为欧洲艺术中心。意大利曾经涌现出一大批杰出的艺术巨匠,如但丁、达·芬奇、米开朗琪罗、拉斐尔等,对人类文化进步作出了无可比拟的巨大贡献。在意大利各地都可见到精心保存下来的古罗马时代的宏伟建筑,文艺复兴时代的绘画、雕刻、古迹和文物。在这些辉煌的艺术古迹前,宗白华驻足良久。

在米兰，宗白华参观了著名哥特式风格的米兰大教堂、达·芬奇故居以及收藏在米兰布列拉美术馆的《圣母的婚礼》，并在圣玛利亚修道院的附属餐厅，目睹了达·芬奇的传世名作《最后的晚餐》。

在威尼斯这座享有"水城"、"水上都市"、"百岛城"等美称的城市，宗白华感受着水带给着这座城市的旖旎与浪漫。他考察了威尼斯各种风格的建筑、绘画、雕塑，尤其喜爱代表威尼斯建筑艺术的经典之作——圣马可大教堂。大教堂是东方拜占庭艺术、古罗马艺术、中世纪哥特式艺术和文艺复兴艺术等多种艺术式样的结合体，和谐协调，美不胜收，让宗白华连连赞叹。

在罗马，宗白华停留了一个多月。他考察了纪念君士坦丁大帝的凯旋门、罗马最早的文艺复兴建筑之一的威尼斯宫、古罗马帝国时期建造的露天竞技场、古罗马人膜拜众神的庙宇潘提翁神殿、最杰出的文艺复兴建筑圣彼得大教堂，这些瑰丽奇幻的建筑让宗白华感受到了欧洲独特的建筑艺术与精神文明。还有拉斐尔的壁画、米开朗琪罗的雕塑，都让宗白华沉醉在艺术的海洋中。

这段归国途中的艺术之旅，为宗白华的异国求学之路，画上了诗意与浪漫的句号。

二、挚情如初

1925 年夏，宗白华返回上海，踏上眷恋已久的乡土。刚到上海，宗白华就急切地打听田汉的消息，这对挚友分别太久，宗白华盼望重逢的心如饥似渴。田汉听闻宗白华回国，也迫不及待地找寻他的住处，两人终于在四马路的一个旅馆重聚。宗白华看着阔别五年的田汉，他的头上竟生出了丝丝白发，似乎诉说着两人经久的离别与过往，但他的精神依旧神采奕奕，开朗豪放，意气风发。相见的二人，紧紧握住彼此的手，交流过往的经历和见闻。五年时间流逝，但从未淡化二人的情谊，友情反而因为彼此的牵挂、共同的理想而历久弥新。

不久之后，田汉与一位戴着眼镜的清瘦的中年男子，来到宗白华住处，那位男子见到宗白华后，非常有礼貌地连声说："我是沫若，我是沫若！"[1]这是宗白华与郭沫若第一次相见，之前都是信件往来，从未见面。然而神交已久的二人，面对着彼此不曾见过的面庞，心里也不觉得陌生。一连几天，他们在一起畅谈文学艺术，讨论着对人生、对新社会、对国家的理想，一起外出游玩，感受自然带给他们的舒惬。

1926年3月，郭沫若由上海前往广州，应邀就任广东大学文科学长。7月，随国民革命军北伐。8月1日，参加八一南昌起义，途中加入中国共产党。1928年2月，为躲避国民党政府缉捕，郭沫若东渡日本。从此后，郭沫若与宗白华因客观环境与志向理想的差异，两人交往少了，只保持着偶尔的联系。1926年，田汉在上海创办"南国电影剧社"，1928年创建"南国艺术学院"，从事进步戏剧活动，宗白华与田汉此后保持着联系。

回国后，宗白华终于见到了自己朝思暮想的恋人。出国之前，他就与表妹虞芝秀订下婚约。这一纸婚约，宗白华铭记于心，从未动摇。当一颗心与另一颗心，相遇相知，便是最珍贵的一份情缘！纵使身居天涯海角，那人依旧是无边暗夜里奔流跳动的一抹亮光。宗白华留德期间的一首首恋爱诗，诉说着他的深情。1927年，宗白华与虞芝秀成婚，从此厮守终身。

宗白华的爱情经历，相较于郭沫若、田汉以及同时代很多文人来说，似乎显得平平无奇。无论岁月怎么变迁，他心中只有自己一生的伴侣虞芝秀一人。当时同在东南大学任教的戏曲理论家吴梅，曾为宗白华婚礼写过一首贺词《减字木兰花》，后二句是："瀛海归帆，十载佳期此不凡。"[2]宗白华的"磐石"之心，可谓人人可鉴。吴梅也曾对学生说起，当年的许多留学生，归国后就嫌弃家中的妻子，甚至离婚再娶。宗白华订婚后出国留学，经历时空的考验，多年后回国仍信守婚约，很不容易。不管是"车马很慢"的当年，还是科技日新的今天，如此爱情历程，都足见真情。这种平凡、平静又坚贞、坚守的感情，也可见出宗白华的人格和品性。

第二节 美学的"南宗"

> 哲学求真，道德或宗教求善，介乎二者之间表达我们
> 情绪中的深境和实现人格的谐和的是"美"。
>
> ——宗白华：《论文艺的空灵与充实》，载金雅主
> 编、王德胜选编《中国现代美学名家文丛·宗白华卷》，
> 浙江大学出版社 2009 年版，第 151 页。

早在少年中国学会，面对如何建设"少年中国"的问题，宗白华就提出通过教育与实业来建设新社会、新中国，他自己也胸怀学成投身教育的理想。留德回国后，他坚守曾经的追求，成为一位教育者。在中央大学哲学系担任教授时，宗白华与邓以蛰在当时美学界，享有"南宗北邓"的美誉。

一、哲学系教授

宗白华刚到德国不久，寄给少年中国学会的信中就明确表示，"教育"将是他"将来终身维持生活之方式"[3]。1925 年冬，在《少年中国学会改组委员会调查表》中的"今后从事的职业"一栏，宗白华填写的仍是"教育"。宗白华对教育的热忱，既有家庭的影响——宗白华的父亲宗嘉禄便曾是著名的教育家，也受到当时"科学救国"、"教育救国"等思潮的影响。宗白华早早就立下了教育之志向。

1925 年 7 月，宗白华被聘请为南京东南大学哲学院教授，从此开始了他在东南大学哲学系长达二十七年的教学生涯。1928 年 5 月，东南大学更名为中央大学，宗白华仍担任哲学系教授。

20 世纪 20 至 40 年代，宗白华任教东南大学期间，开设的课程有：《美学》、《艺术论》、《形而上学》、《历史哲学》、《康德哲学》、《叔本华哲学》、《尼采哲学》、《斯宾格勒的〈西方之衰落〉》、《人生之形式》、

《歌德》、《文艺复兴时期艺术欣赏》等。[4]他的美学与艺术学课程,吸引了众多不同专业的学生和老师。他的课堂贯通古今中外,条理清晰,善于举例,生意盎然,加上他讲课时完全沉浸在授课中,声情并茂,绘声绘色,令台下学生如沐春风,陶醉在他的课堂中。

中央大学学生罗高曾回忆宗白华的一堂"生活的美"的课程情况:穿着蓝布长衫、手上抱着一大卷画册的宗白华,穿过安静的学院长廊,慢步走进教室,所有同学的目光都看向这位慈眉善目的老师,充满了期待。宗白华缓缓走上讲台,神情和蔼,语气和缓,说"今天讲的是生活的美"。语落,同学们纷纷拿起笔记录起宗白华的讲话。宗白华讲道,日常生活中从不匮乏美,在复杂的日常生活中,随时随地都可以观照出美的形态。同时,生活中的美又常常与丑交织在一起。有些作品尽管外形丑,但融入了美的理念与精神;有的作品过分追求外形的美,却失掉了美的味道与意蕴。宗白华一边讲,一边将带来的画册分发给同学们。这些画册,既有中国的水墨山水画、敦煌壁画,又有法国印象派、颓废派、达达主义的西方画作。宗白华以这些画册上的例子,剖析着中西方绘画各自具有的形式美感、精神理念,对比中西方艺术的差异区别。他认为西方现代绘画,"虽然画面上的调子是不统一的,但每一幅都有其不同的构图、色彩、明暗,各有其不同的表现,西洋画派所表达的美各有其不同的情操"[5]。他认为"中国周秦的壁画","庄丽的颜色,画面的谐和,构图上的优美,达到了绘画上的高超意境。还有敦煌石窟的壁画,更是古典美丽,画面上的斑纹虽已剥落,我们仍然可以看到过去中国画的优秀艺术传统"[6]。宗白华尤其善于分析艺术作品深层次的精神内涵与哲学意蕴。在阐释罗丹的《思想者》时,宗白华联系笛卡尔的名言"我思故我在",认为这尊雕像展现的理念要比"我思故我在"更深一层,它呈现出的不是人为了证明自己的存在而思想,而是为了真正做一个人而思想!说到情绪激昂的时候,宗白华的声调不由自主地提高,手也随着声音起起伏伏,完全沉浸在自己的授课中。底下的同学们也被宗白华声情并茂、富有激情的演讲所打动，一种充满感动的暖流回荡在教室之中。

我们可以在同学们后来的回忆中，一睹当时宗白华上课的风采。原中央大学艺术系学生安敦礼，回忆宗白华上课时的场景："宗先生上课，事先准备有讲课提纲，是写在练习簿上的。他讲，学生笔记，不印发讲义。每次上课，宗先生讲的内容，都非常丰富。教室内，除了宗先生讲课的声音外，就是全体听课的学生在埋头做笔记，水笔在笔记本上，刷刷的记录声。"[7]原中央大学艺术系的学生屈义林，回忆宗白华上课的情景："白华先生富有辩才，声音洪亮，口若悬河，讲授时能深入浅出，生动具体，故选课学生除哲学系外，艺术系的特多，整个课程保持着最多的学生听众。"[8]原中央大学学生王枫回忆："我30年代(1929年至1933年)在社会学系上课，实行学分制。我慕宗白华先生的名，听他的《美学》课。他讲课提纲挈领，十分认真，专心致志，冬天都出汗。眼睛不看课堂上的同学，旁若无人。我总觉得他连课堂上有多少男同学，多少女同学，可能都不去分辨。我听过他讲《歌德论》和《少年维特之烦恼》。他生活很朴素，穿又肥又大的长袍，家里的椅子很旧。"[9]当代著名美学家蒋孔阳曾回忆："宗老讲课时，全神贯注在他的讲演中，根本不看学生。学生多，他这样讲；学生少，他也这样讲。他完全陶醉在自己的讲课中，而并不关心学生听不听他的讲课。正因为这样，所以他的讲课，除了内容丰富不俗外，本身就具有一种精神的感染力，使你觉得这位老师讲的是出自他的肺腑，是他真心诚意所相信的，因此，我们听时，也就油然有一种尊敬的感情。"[10]

任中大哲学系教授期间，宗白华日常作风简朴，但又不乏生活中的诗意。宗白华不吸烟、不喝酒、不打牌，长年身着蓝布长衫，脚踩布鞋，手拿黑布伞，随身携带一块怀表。每天离开学校回家路上，经过学校南围墙转角的地方，总是停留在报刊栏前静静地看半天。当时的学生开玩笑地向别人介绍宗白华，"蓝布长衫，青布鞋，不管是晴天雨天，都带着洋伞，你到成贤街见一人看墙报的便是"[11]。当时中央大学的教授不乏派头十足者，留长发、着西装、包人力车，十分引人侧目。但宗白华始终保持简朴淡然的生活作风，为人和蔼可亲、平易近人。很多学生回忆起宗白华，都会不约而同地讲，宗白华似乎从来不发脾气。

当时宗白华家住在中央大学东侧的小平房里，房子周围是一片菜园，房后紧靠火车铁道，火车经过时，家中被震得轰隆隆响，但宗白华似乎从不因此烦恼。家门前摆着几盆花卉，家里收拾得明快整洁。宗白华在小客厅中央挂着一幅徐悲鸿的马，陈设着中西古今各样的雕塑文物，学生们每去宗白华家中，他都会一一指点，将作品中的内容与意义讲给学生听。

20 世纪 30 年代，美学在我国还属于现代新学科，宗白华在美学与艺术学上的造诣，使他在学界崭露头角。宗白华与北京大学哲学系的邓以蛰，在哲学与美学界享有"南宗北邓"的美誉，二人一南一北，都学贯中西，都是中国现代美学的早期奠基人。

宗白华在 1925 年到 1930 年期间上课的部分讲稿笔记，后来经过增删修改，整理为《美学》、《艺术学》、《艺术学（讲演）》、《形上学》、《孔子形上学》、《论格物》等篇，收录在《宗白华全集》中，这些讲稿笔记也成为宗白华艺术学、美学、哲学思想的重要资料。

1935 年，中国哲学会成立，宗白华加入中国哲学会并多次担任理事、南京分会干事等职。中国哲学会第三届年会于 1937 年 1 月 24 日在南京举办，宗白华负责主持会议，并在会上宣读了自己的论文《中西画中所表现之空间意识》，体现了他的学术影响力。

二、偶得佛头

宗白华对待课堂与学术严谨认真，但在平常生活上颇有情调。闲暇之时，他经常参加当时中国文艺社创办的文艺俱乐部活动。文艺俱乐部在南京中山北路，每到星期日都有上百人参与。当时的活动，既有老教授演讲论文，也有青年学生和着伴奏朗读诗歌。郭沫若有时会去讲学，田汉也会去大礼堂安排表演戏剧。宗白华看着大家的表演，来了兴致，也会高歌一曲，引得学生们拍手叫好。但涉及政治性的活动，宗白华并不参加。当时有反对鲁迅提倡的"人民革命战争的大众文学"活动，有国民党要求宗白华参加反对共产党的签名活动，宗白华态度坚决，一概拒绝。

这段时间，宗白华逐渐爱好上了收藏古董字画，闲暇经常去南京夫子庙古玩市场搜集文物古玩。当时的夫子庙有很多大大小小的古玩店，各地的商贩、游客、收藏爱好者都喜欢在这里"淘宝"，非常热闹。

有一天，宗白华在夫子庙的古玩店闲逛，看到了一幅字与一幅画，甚是喜欢，遂问老板，被告知是宋代名将岳飞手书真迹《吊古战场文》和明末清初秦淮八艳之一马湘兰所画的《幽兰图》，老板竭力劝说宗白华买下这两幅"真迹"，说得宗白华痛下决心，掏出六十块大洋，将字画带了回去。回到家的宗白华非常高兴，邀请朋友一起来欣赏。不料，中大同事胡小石教授细细看过后，告诉宗白华这两幅字画是赝品，恐怕是上当了。宗白华顿时心凉了半截，但仍有疑虑，于是半信半疑地带上字画去丹凤街中大宿舍找徐悲鸿。徐悲鸿仔细鉴定过后，说宗白华肯定上当了。好在徐悲鸿与那家古玩店老板相识，那老板的儿子正在中央大学艺术系学习西洋油画，是徐悲鸿的学生。于是在徐悲鸿的交涉下，老板收回了宗白华的字画，把钱退还给宗白华。从此，宗白华了解了古玩市场的良莠不齐。但他并没有失去对文物古董的兴趣，仍时常去逛，并唤上朋友们同游，了解学习文物鉴赏的门道。但再出手，宗白华就谨慎多了。

有一次，宗白华独自在夫子庙逛，一家古董店的柜台下一尊佛头吸引了他的注意。宗白华仔细端详这件佛头，发现雕刻精美、面容祥和、端庄持重，宗白华很是喜欢。宗白华询问老板佛头来历，老板说不清楚。宗白华认真观察揣度，判断这尊佛头应是一千年前北魏或北齐时期的文物，在战乱的年代颠沛流离，辗转流落到此。由于当时没带钱,宗白华嘱托老板将佛头定了下来,匆匆赶回家取钱。他用三十块钱将这尊佛头买了下来,带回家置于书斋案头。这尊佛头,经过朋友鉴定,确是真品,极具收藏价值。这件事在当时南京的文化教育界,竟流传开来,许多人都跑到宗白华家中,一睹这尊佛头的风姿。这尊佛头也从此置于宗白华案上,日日慈祥温和地注视着他。宗白华看着这尊佛头,仿佛也看到了历史的足迹。这尊历经岁月却依旧肃穆端庄的佛头,也陪伴和象征了宗白华的美学及人生之路,不离人间烟火而又高逸超拔。

三、歌德启示人生

歌德可谓是宗白华一生的引路明灯。少年时的青春烦恼与歌德笔下的维特,有着微妙的契合和共鸣,青年时的鸿鹄远志与歌德的浪漫诗性翱翔共舞。在年月长河中,宗白华心心念念歌德,刻在生命印记里的斯人斯韵从未褪色。

1931 年 4 月,由"新月派"创办、上海新月书店"诗社"出版的《诗刊》第 2 期,宗白华发表了三首翻译歌德的诗作。1932 年 3 月 21日、3 月 28 日、4 月 4 日,在天津《大公报》文学副刊上,宗白华连载发表了《歌德之人生启示》。在文中,宗白华盛赞歌德:"他的人格与生活可谓极尽了人类的可能性。他同时是诗人,科学家,政治家,思想家,他也是近代泛神论信仰的一个伟大的代表。他表现了西方文明自强不息的精神,又同时具有东方乐天知命宁静致远的智慧。德国哲学家息默尔(Simmel)说:'歌德的人生所以给我们以无穷兴奋与深沉的安慰的,就是他只是个人,他只是极尽了人性,但却如此伟大,使我们对人类感到有希望,鼓动我们努力向前做一个人。'我们可以说歌德是世界一扇明窗,我们由他窥见了人生生命永恒幽邃奇丽广大的天空!"[12] 宗白华对歌德怀有十分的敬仰与爱慕,他年少时的座右铭之一就是:"拿歌德的精神做人!"[13] 歌德启迪了他对人格、人生、生命的哲学和艺术的思考,更深刻启发了他的美学思想中的人生

哲诗宗白华

论因子。《歌德之人生启示》从"歌德人格与生活之意义"和"歌德文艺作品中所表现的人生与人生问题"两个方面展开，探讨了歌德对人生问题的追问和对生命境界的超拔。宗白华说："他不单是由作品里启示我们人生真相，尤其在他自己的人格与生活中表现了人生广大精微的义谛。"[14] 最重要的，宗白华在歌德的人生中看到了生命的涌动、活力与真谛。他认为歌德带给近代人生一个新的生命情绪——"生命本身价值的肯定"，歌德的生命情绪"完全是浸沉于理性精神之下层的永恒活跃的生命本体"。[15] 宗白华从歌德这里，看到生命与人生、生活的关系。他说："生命与形式，流动与定律，向外的扩张与向内的收缩，这是人生的两级，这是一切生活的原理。"[16] 他进一步指出："歌德的人生问题，就是如何从生活的无尽流动中获得谐和的形式，但又不要让僵固的形式阻碍生命前进的发展。这个一切生命现象中内在的矛盾，在歌德的生活里表现得最为密切。他的一切大作品也就是这个经历的供状。"[17] 他在歌德的人格、人生乃至生命中感受到了莫大的启迪："歌德启示给我们的人生是扩张与收缩，流动与形式，变化与定律；是情感的奔放与秩序的严整，是纵身大化中与宇宙同流，但也是反抗一切的阻碍压迫以自成一个独立的人格形式。他能忘怀自己，倾心于自然，于事业，于恋爱；但他又能主张自己，贯彻自己，逃开一切的包围。歌德心中这两个方面表现在他生平一切的作品中。"[18]

为了纪念 1932 年歌德逝世百年，宗白华专门撰写了《歌德的〈少年维特之烦恼〉》。《少年维特之烦恼》讲述了一个充满激情和才华的青年维特，因爱上了已经订婚的绿蒂，而陷入了无法摆脱的痛苦和困境，最终选择用自杀来结束自己悲惨的命运。这部小说表现出作者歌德对当时德国社会的不满和批判，也表达了他对个性解放和真挚爱情的渴望和追求。宗白华认为《少年维特之烦恼》"是歌德式的人生与人格内在的悲剧"，"是歌德人格中心及其问题的表现"[19]。他找到了《少年维特之烦恼》与歌德人格的联结：

我们知道歌德式的人生内容是生活力的无尽丰富，生活欲的无限扩张，傍徨追求，不能有一个瞬间的满足与停留。因此苦闷烦恼，矛盾冲突，而一个圆满的具体的美丽的瞬间，是他最大的渴望，最热烈的要求。

但是这个美满的瞬间设若果真获得了，占有了，则又将被他不停息的前进追求所遗弃，所毁灭，造成良心上的负疚，生活上的罪过。浮士德之对于玛甘泪就是这样的一出悲剧。这也就是歌德写《浮士德》的一大忏悔。但是设若这个美满的瞬间，浮在眼前，捕捉不住，种种原因，不能占有，而歌德式热狂的希求，不能自己，则终竟惟有如膏自焚，自趋毁灭，人格心灵的枯死，倒不在乎自杀不自杀的了。

《少年维特之烦恼》就是歌德在文艺里面发挥完成他自己人格中这一悲剧的可能性，以使自己逃避这悲剧的实现。歌德自己之不自杀，就因他在生活的奔放倾注中有悬崖勒马的自制，转变方向的逃亡。他能化泛滥的情感为事业的创造，以实践的行为代替幻想的追逐。[20]

宗白华对歌德的认识是非常独到且精准的，并且他几乎都是用极具体验式的诗意笔触来描写这位大文豪，从宗白华对歌德的文字中，歌德活跃律动的人格、诗性张力的人生、激扬高朗的生命，跃然纸上。

1932年3月22日，世界各国纷纷纪念歌德逝世一百周年，中国也不例外，相关学者纷纷发起纪念活动。1933年1月，为了纪念歌德逝世百年，宗白华与周辅成合编的歌德研究论文集《歌德之认识》由南京钟山书局出版，收入十七位学者撰写的、有关歌德介绍及研究论文及译文二十多篇，被当时学界称誉为"国人介绍歌德最大最光荣的成就"[21]。《歌德之认识》收录了宗白华三篇文章：《歌德之人生启示》、《歌德的〈少年维特之烦恼〉》以及译作《歌德论》（宗白华翻译的德国比学斯基的文章，发表在 1932 年 3 月 28 日《大公报》文学副刊）。宗白华为《歌德之认识》撰写了附言，谈到这本书是"一部较为完备、有系统的'歌德研究'"[22]。《歌德之认识》一经上市，备受好评。1936 年更名《歌德研究》，由中华书局再版，收入中国文化丛书中。

1933 年 1 月，宗白华的学生张月超出版《歌德评传》，这本书对歌德的全生活与全创作进行了系统的叙述与评论，宗白华为《歌德评传》作序，在序中他再次赞扬歌德的人格、生活与人生："歌德与其他世界文豪不同的地方，就是他不只是在他文艺作品里表现了人生，尤其在他的人格与生活中启示了人性的丰富与伟大。所以人称他的生活比他的创作更为重要，更有意义。他的生活是他最美丽最巍峨的艺术品。"[23]

在歌德这里，宗白华看到了生命的伟大、人生的价值，而这些都是存在于一个充满艺术性的诗意人生中。歌德的人生精神，进一步催生了宗白华的"艺术人生观"，推动他积极勾连审美、艺术、人生三者的关系，将审美、艺术、人生的统一践履在自己的人生实践中。

20 世纪 30 年代，宗白华撰写、翻译的一系列介绍和研究歌德及其作品的文章，对歌德研究在中国的发展具有重要贡献，因此曾有学者宗白华为"现代中国之歌德权威"[24]。

歌德是宗白华灵魂深处不可磨灭的一位伟人，也是宗白华人生海洋中明亮的灯塔之一，他的一生都在向着歌德精神扬帆远航！

四、老友纪事

20 世纪 30 至 40 年代，宗白华与徐悲鸿、田汉等老友的友谊继续延续。当年共话理想的年轻人，经过岁月的沉淀和人生的跋涉，对彼此的情谊有了更深的感知，他们惺惺相惜，彼此共助，留下了人生弥足珍贵的回忆。

1927 年秋，徐悲鸿回国，此时宗白华在中央大学任哲学系主任。

徐悲鸿回国后就任艺术系教授,后兼任系主任。两人在学校见面便利,家也相隔不远,因此常常结伴聊天,讨论绘画、讨论艺术,关系非常亲密。宗白华的兄弟宗之发结婚,徐悲鸿赠送亲自绘作的《喜鹊图》为贺礼。徐悲鸿还画过一幅宗白华的肖像赠送给宗,可惜此画在抗战中遗失了。1931年,徐悲鸿画了《日长如小年》赠送给宗白华,"此画根据宋人唐子西的诗《醉眠》构思,描写农村怡然的幽静,为悲鸿得意之作"[25]。1933年,徐悲鸿去欧洲举办中国画展览,回国带回了一批西方著名画家的名作印刷品。有一天宗白华去看望徐悲鸿,徐悲鸿将达·芬奇的经典名作《蒙娜丽莎》的复制品赠送给宗白华,宗白华收到画后高兴极了,回家的路上一直都在赞叹画中蒙娜丽莎的恬静典雅。回家后,他将这幅《蒙娜丽莎》放置在那尊佛头的旁边,一佛头、一名画,两相映照。

宗白华从徐悲鸿这里,领悟绘画艺术的审美特点和中西绘画的独特之处;徐悲鸿从宗白华这里,获取对自然、对社会、对世界宇宙的美思启发。两人在这段时间,都创作出了优秀的作品。这一阶段,徐悲鸿创作了《田横五百士》(1928—1930)、《风雨如晦鸡鸣不已》(1930)、《九方皋》(1931)、《徯我后》(1930—1933)、《逆风》(1935)等画作;宗白华发表了《徐悲鸿与中国绘画》(1932)、《介绍两本关于中国画学的书并论中国的绘画》(1932)、《论中西画法的渊源与基础》(1934)、《论素描》(1935)、《中西画法所表现的空间意识》(1936)等文章。这一时期,宗白华的理论文字主要聚焦于绘画,这与他和徐悲鸿之间的频繁交流不无关系。

1932年,徐悲鸿的《国画集》在柏林和巴黎出版,宗白华为了向西方介绍中国绘画与徐悲鸿的成就,特意撰写了《徐悲鸿与中国绘画》,刊发在《国风》1932年第4期。文章中,宗白华阐述了中国绘画的相关特点,如"笔法之妙用,为中国画之特色";"惟中国画笔法之异于西洋画者,即在简之一字";"中国画最重空白处。空白处并非真空,乃灵气往来生命流动之处。且空而后能简,简而练,则理趣横溢,而脱略形迹"[26]。并且宗白华认为,能达到这种绘画境界的画家,"人格高尚,秉性坚贞,不以世俗利害营于胸中,不以时代好尚惑其心志;乃能沉潜深入万物核心,得其理趣,胸怀洒落,庄子所谓能与天地精神往来者,乃能随手拈来都成妙谛"[27]。宗白华了解徐悲鸿坎坷励志的艺术道路,认同徐悲鸿所坚持的艺术主张,感叹徐悲鸿的艺术人格和成就。他称赞徐悲鸿及其画作:"徐君自己亦以中国美术之承继者自任。徐君幼年历遭困厄;而坚苦卓绝,不因困难而挫志,不以荣誉而自满。且认定一切艺术当以造化为师;故观照万物,临摹自然,求目与手之准确精练";"徐君以二十年素描写生之努力,于西画写实之艺术已深入堂奥;今乃纵横其笔意以写国画,由巧而返于拙,乃能流露个性之真趣,表现自然之理趣。昔画家徐鼎尝自跋其画云:'有法归于无法;无法归于有法:乃为大成。'徐君现已趋向此大成之道。中国文艺不欲复兴则已,若欲复兴,则舍此道无他途矣。"[28]

抗战时期,中央大学搬迁到重庆,宗白华与徐悲鸿也同往重庆任教,两人来往频繁。徐悲鸿与蒋碧薇感情破裂意欲离婚时,宗白华也极尽朋友之谊,从中斡旋。宗白华劝告徐悲鸿对待婚姻问题要干脆、大度,还积极鼓励蒋碧薇进行文学创作,将自己跌宕的人生历程书写出来。抗战胜利后,徐悲鸿到北平艺专,宗白华回到南京,二人暂别。一天,宗白华逛夫子庙时,在一家古董店发现了一副临摹油画《笛卡尔像》,画像上有"悲鸿"的白色签名。宗白华看到老朋友的画作失落在这家不起眼的店里,非常痛心,赶快向店主购买此画。谁知老板并不懂行,宗白华只花费了十几块大洋就买到手。激动的他,拿起画飞快地跑出夫子庙,跳上黄包车,生怕店主反悔,在车上他手上还紧紧抱着徐悲鸿的那幅画。第二天,南京的文化界朋友都知道了宗白华捡了个"大便宜"。宗白华猜想,这幅画大抵是徐悲鸿留法时在卢浮宫或其它地方临摹的,可能随后送人了。日军占领南京后,这幅画就丢失了,最后落到古董店中。宗白华曾向徐悲鸿谈及此事,徐悲鸿非常感谢他,但并未讨回那幅画,那幅画也一直悬挂在宗白华的客室中。

　　1922年，田汉回国，开始戏剧活动。1926年，田汉在上海与唐槐秋等创办南国电影剧社。1928年，田汉与徐悲鸿、欧阳予倩组建南国艺术学院，同年秋成立南国社，以狂飙精神推进新戏剧运动，多次到南京、杭州、广州等地演出，同时主编《南国》月刊。1929年冬开始，田汉在从事文艺活动的同时，也积极参加政治活动。田汉主张改革传统旧剧，推广现代话剧，宗白华给予很大的认同和支持，他曾给田汉寄去一些西方戏剧的资料。1927年秋，在上海艺术大学任文学科主任、校长的田汉创作了《苏州夜话》、《名优之死》等话剧，这些剧本后来在南国社演出。宗白华与徐悲鸿都去上海观看演出，并帮助南国社募捐。徐悲鸿帮田汉设计舞台布景、服装道具。宗白华回忆这个时期说："田汉在这个时期炼出了卓越的组织才能。他真有本事，白手起家，就靠义演、募捐和稿费，维持了南国社，搞得轰轰烈烈。他们不仅在上海深受群众欢迎，而且到南京和各地巡回演出。从这时起，田汉被大家称为'田老大'。陈白尘、吴作人、廖沫沙、郑君里、张曙……都是他的学生。那时我还不知道田汉是秘密的共产党员。我和悲鸿出于对艺术事业的欣赏和倾佩，经常捐款给田汉。"[29]田汉对宗白华同样充满感激与敬佩，他曾经对弟弟田洪说："宗先生很爱才，他觉得我是个人才，就爱护我，保护我。他也发现郭沫若先生是个人才，他要把他自己所爱的人联系起来，所以才介绍我同郭先生相识，才有了《三叶集》。"[30]

　　1932年，上海被白色恐怖笼罩，田汉此时加入中国共产党。从此以后，田汉从革命的民主主义者转变为无产阶级的文艺家。1935年2月，由于公开从事左翼戏剧活动，田汉在上海法租界被捕。宗白华听到消息，焦急万分。暑假时，有一天徐悲鸿急促地跑到宗白华家中，说他终于打听到田汉的下落。当时任国民党政府交通部次长的张道藩是徐悲鸿留学巴黎时的同学，据张道藩透露，田汉此时拘押在南京宪兵司令部，若徐悲鸿与宗白华愿意担保田汉出狱后不离开南京的话,就可以保释,宗白华当场便答应了下来。第二天,宗白华来到徐悲鸿家,见到张道藩,两人为田汉愤愤不平,表示一定要见到田汉本人。在两人的坚决要求下,张道藩带二人到南京宪兵司令部,见到了面容憔悴的田汉。原来田汉最初被关押在巡捕房,后引渡到宪兵司令部。由于限制了探晤时间,三人没法多谈。会面结束后,二人匆匆回到徐悲鸿住处,写了保释申请,交给张道藩带去宪兵司令部。8月,田汉终于保释出狱,但却不能离开南京,只能和母亲妻子住在南京丹凤街28号,形同软禁。但田汉由于非凡的艺术成就,早已名声在外,他的住处常常有文艺界的朋友和众多进步青年前去拜访他,国民党反动派对他也毫无办法。有一次,宗白华与徐悲鸿去看望田汉时,家中宾朋满座,热闹非凡。田汉每次有剧本在南京公演时,都会邀请宗白华与徐悲鸿观演。两人都被田汉的戏剧天才和浓烈的爱国情怀所打动。当时徐悲鸿写了一段话说:"垂死之病夫,偏有强烈之呼吸;消沉之民族里,乃有田汉之呼声!其音猛烈雄壮,闻其节调,当知此人必不死,此民族之必不亡。"[31]为田汉的气节与胸怀叫好!1937年"七七"事变发生,田汉立即创作了多幕剧《芦沟桥》。接着"八·一三"事变,日军将战火引到上海,田汉才获得人身自由。12月13日,日军发动南京大屠杀,宗白华随中央大学逃难到重庆,与田汉断了联系,但在宗白华心中,一直都怀念着这位意气风发、才华横溢的老友。

1928年,郭沫若旅日,1937年抗战爆发后回国参加抗战。中央大学迁至重庆期间,宗白华曾受郭沫若之邀,到郭沫若主持的文化工作委员会作报告,演讲接连了三天,题目是《中国艺术之写实、传神与造境》。宗白华也曾邀请郭沫若去中央大学讲演,可因学校当局反对,不愿意借出演讲场所,最终作罢。1941年,郭沫若五十岁生日,宗白华在11月10日《时事新报·星期学灯》上发表《欢欣的回忆和祝贺——贺郭沫若先生50生辰》,文章中他评价郭沫若和他的诗歌:"在文艺上摆脱二千年来传统形式的束缚,不顾讥笑责难,开始一个新的早晨,这需要气魄雄健,生力弥满,感觉新鲜的诗人人格。而当年的郭沫若先生正是这样一个人格! 他的诗——当年在《学灯》上发表的许多诗——篇篇都是创造一个有力的新形式以表现出这有力的新时代,新的生活意识。编者当年也秉着这意识,每接到他的诗,视同珍宝一样地立即刊布于《学灯》,而获着当时一般青年的共鸣。在这个意义上,我说他的诗在新诗运动里有无比的重要,他具有新诗国的开国气象。"[32]文中,宗白华也客观指出了新诗发展的局限:"这个新诗国已经奠定了基础,尽管它在这短短的历史中还难有令人十分满意的成就。白话诗是新文化运动中最大胆、最冒险、最缺乏凭藉、最艰难的工作,它的成就不能超过文学上其他部门原是不足怪的。(译西洋诗用白话体似觉更易于体贴原诗,在这方面我们很有一些成功的译作,如梁宗岱的《水仙辞》等。)归结一句话,新诗的年龄还太短,历史上的成就是要凭百年的或数百年的视野来评价的。"[33]

宗白华对诗的兴趣和爱好贯穿一生,他与新月派代表诗人徐志摩也有过一段交往。1922年在柏林留学时,宗白华认识了徐志摩。1922年10月徐志摩回国,1923年3月徐志摩发起成立"新月社"。1929年9月徐志摩应聘中央大学文学院英语文学教授,1930年底辞去中央大学教职。在这段时期,宗白华与徐志摩有过交集。徐志摩与宗白华的姨母方令孺、表弟方玮德以及陈梦家等经常来往。方玮德、陈梦家与徐志摩同属"新月"派诗人,一群热爱诗歌文学的年轻人经常聚在一起。宗白华也经常参与他们的聚会,一起畅谈诗和艺术。1931年徐志摩、陈梦家创办《诗刊》季刊,宗白华给予支持,将翻译歌德的诗作发表在《诗刊》1931年4月第2期上,分别是《湖上》、《游行者之夜歌》、《对月吟》。1931年11月19日,徐志摩在由南京北上的飞机上罹难身亡。文学艺术界纷纷缅怀,宗白华也写了悼亡诗作发表在《诗刊》1932年7月第4期的"志摩纪念专号"。

从郭沫若、徐志摩的诗歌,到徐悲鸿的绘画、田汉的戏剧,宗白华对艺术的热爱从未停息。面对那些青春朝气的艺术家,宗白华也从不吝啬自己的赞美。他热爱艺术,更倾心艺术化的人格和人生,并以此激荡自己的心灵。

第三节　山城岁月

现代中国人需要悲壮热烈牺牲的生活,但也需要伟大深沉的生活。

——宗白华:《〈论艺术〉等编辑后语》,载《宗白华全集·2》,安徽教育出版社 2008 年版,第 209 页。

从 1931 年"九一八"事变起,至 1945 年 9 月 2 日,抗日战争成为中华民族现代史上不可磨灭的伤痛。宗白华同万千流离失所的中国人一样,经历着动荡与逃亡。他跟随学校搬迁到了山城重庆避难,在这里度过了一段栉风沐雨的岁月。

一、江畔诗哲

1937 年 7 月 7 日"卢沟桥事变"后,日本发动了全面侵华战争。1937 年秋,中央大学随国民政府内迁重庆,落脚沙坪坝区松林坡。随着逃到后方的学生不断增加,松林坡校区已十分拥挤,时任中大校长的罗家伦便在重庆嘉陵江上游的柏溪建设了新校区,以安置学校的低年级学生。重庆中央大学是当时中国高校中院系最多、门类齐全、规模最大的一所大学。直到 1946 年底,中央大学才迁回南京。1946 年 11 月 1 日,复员后的中央大学开学上课。1949 年南京解放后,中央大学更名为南京大学。

宗白华随中央大学内迁重庆后,继续在哲学系任教。1930 年至 1941 年,他还担任哲学系主任。当时哲学系属于中央大学文学院,只有十三个学生。宗白华开设了《形而上学》、《美学》、《艺术学》等必修课,也开设了《叔本华》、《尼采》、《歌德》等专题课。

宗白华上课方式十分随性自在，全神贯注在自己的讲演中，在讲到一些中西艺术时，他时常会忘我地沉醉其中，既能声情并茂地赞赏欧洲文艺复兴时期的艺术大师，又能妙趣横生地对中国古代艺术如壁画、雕塑等进行赏析。有时候上课时，他会戴顶草帽，两条带子垂下来落在肩上，潇洒的样子，颇具名士气度。除介绍康德、叔本华、尼采等经典哲学家之外，他在课堂上还介绍了德国哲学家斯宾格勒的《西方的没落》、马克思的《资本论》等。宗白华经常叮嘱学生学习西方哲学要读外文原本书，把握住哲学家的最本来的思想，课程结束后做一篇文章作为结课。他也会在中大礼堂、文化教育会堂等地发表学术讲演，讲康德美学思想，讲歌德的人生精神，讲中西方艺术，讲堂内经常老师、同学济济一堂。

抗战期间，内迁到重庆的师生生活都非常艰苦。刚到沙坪坝，师生们甚至会找乡间的茅屋、牛棚住下，经常会有好几个老师挤在一间破败的宿舍里。宗白华和老母亲先是住在沙坪坝中央大学附近简陋的教授宿舍，1940 年为了躲避日军飞机轰炸，他搬到了柏溪对岸的杨家塘。当时的住房是在水田里修建的，夏天下过雨后室内都滑溜溜的，行动十分不便。宗白华常年穿着一件洗得发白、刚过膝盖、有点短小的蓝布长袍，奔波在学校和住处之间。

柏溪与沙坪坝都在嘉陵江畔，相距二十多里。宗白华每周都要到沙坪坝校区上课，他有时会乘船从柏溪上游顺流而下，有时会步行来回。他时常背一个褡裢，前面放书，后面装着一个陶瓷罐，里面盛着米饭，上面盖着简单的菜肴。宗白华就这么背着褡裢包，沿着嘉陵江畔行走，这时他常常会想起法国作家罗曼·罗兰于 1912 年完成的长篇小说《约翰·克利斯朵夫》里最后过河的一幕。克利斯朵夫背着婴儿，那是背负着"即将来到的日子"，是未来世界的生命，因而异常沉重。宗白华心想，自己同样是在为中国的新一代的生命成长而奔劳，这使他充满了使命感。1943 年，宗白华从柏溪搬回沙坪坝。

重庆期间，宗白华依旧热爱自然，畅情山水。他经常会在傍晚时，去江畔看晚霞。宗白华站在嘉陵江畔，看着这座在敌人摧残下仍顽强生长的城市，看着天边红彤彤的落日坠入江的那一边，映出眼前一片鲜红的景象。滚滚的嘉陵江，载着从远方驶来的船只，向着看不见的尽头流去。这座历经风雨的城市，在时间的荡涤中，好像什么也没有发生过，战争磨损着他的肉体，但他的血脉依旧温热、依旧跳动。那一瞬间，时间仿佛停滞，宗白华站在历史的长河中，感受着那种永恒、深沉的力量。夕阳洒落在宗白华身上，为他的身影镀上了一层红橙色的光晕，站在光影中，宗白华宛若一位超然于世的诗人。

一天傍晚，太阳逐渐西沉，月光洒落淡淡的影子。宗白华坐在回柏溪的船上，看着嘉陵江沿岸青翠的小山，眺望着天边的云层流动，白鹭高飞，感受着江风拂过他的肌肤，霎那间，一股暖流激荡在他的胸中，他感受到来自内心深处久久回荡的宇宙情调，顿时来了诗兴，抒怀一首：

柏溪夏晚归棹

飓风天际来，绿压群峰暝。

云罅漏夕晖，光写一川冷。

悠悠白鹭飞，淡淡孤霞迥。

系缆月华生，万象浴清影。[34]

宗白华生性恬淡，与世无争，在重庆期间，也保持着陶渊明般洒脱淡泊的性格。他将自己的心灵交付给自然，将自己的意志寄托在家国理想，将自己的精神徜徉在美与艺术的海洋中。他不在意物质利益，生活朴素，布衣粗食，外物对他而言，似乎总是很轻。然而有两次为抗日战争的募捐，他是所有同事中捐得最多的。宗白华不喜政治，也没有什么政治倾向。他经常劝告学生，不要因为政治活动而耽误了读书，但对受到政治迫害的学生，宗白华给予了最大的同情和帮助。当时有位同学贴大字报从事政治宣扬要被学校开除，宗白华出面找校长疏通,校方将惩处改为记大过一次。

有一次蒋介石到中央大学访问,很多人都去看他,宗白华不去,说:"这有什么看头。"[35]然而他也从未发表过反对蒋介石的言论。但宗白华会见过毛泽东,因为两人都是少年中国学会的会员。1945年8月底,毛泽东前往重庆与国民党方面进行和平谈判。10月22日,毛泽东与周恩来在重庆召开民主人士座谈会,邀请在重庆的少中会员,宗白华欣然前往。毛泽东见到宗白华,亲切地拍拍他的肩膀,问他最近是否还有诗兴?流云小诗可还在写吗?宗白华笑答,早不写了。周恩来也和宗白华、毛泽东开玩笑说:"你们都是一个组织的,都是少中会员,我不是。"

宗白华待人和蔼亲厚、尔雅温文,既不会对他人疾言厉色,也不会让自己抑郁低落。哲学系有的老师性烈如火,时常会谤气瞠眼,跟平心静气、从容自如的宗白华形成鲜明对比,当时的老师同学,都对宗白华敬爱有加。尤其宗白华的气度,是最让人印象不凡的。后来很多重庆期间的同事和学生回忆起宗白华,都会谈到他的诗人气度。当年哲学系教授熊伟曾经评价宗白华:"宗先生一生很可爱,陶渊明风格是他一生特点。有些人觉得他讨厌,他很洒脱,从不计较。他也有陶渊明'好读书不求甚解'的态度。他从尼采、叔本华的哲学到美学,都是个人在那儿欣赏,对中西艺术全神贯注地欣赏。他有哲学家的味儿,他沉醉在那里欣赏,觉得人生有这样一些美的东西就很满足,很美。至于身外之物,他看得很轻。这是凡夫俗子做不到的。他做学问也是这样,对于中西美学,他从理论上和物象上都很重视,一直是以美学家、哲学家的心情出现的。他一生不争利禄,也不在那儿骂人,很淡泊洒脱。尘世一些事他也参与,但看得很轻。在重庆,郭沫若忙得很,宗白华又是陶渊明,他的风格使他不可能总去找郭沫若。旧社会许多坏的作风他都没有,文人相轻他没有。他与世无争,从不打击人。他自己自得其乐,别人对他好坏无所谓。"[36]宗白华同事唐君毅之妹唐至中曾回忆:"我当时在中大教育心理学部办的实验中学任教,哥哥要我去中大旁听宗先生讲美学,我听过多次。我对哲学本是外行,加以相隔时间太久,他讲些什么,我早已忘掉了。但是他的飘然的风度,对我却是印象很深。我读过《世说新语》,我总觉得他颇有魏晋人超然而物外的味道,对现实的名利得失都似乎不在其胸臆。我同他并无来往,我总觉得他平时很超脱,可是对于人总是非常和蔼的。"[37] 文史学家袁鸿寿曾在他的《追念宗白华先生》中写道:"我在北京对于两位前辈有'澄之不清,淆之不浊'的印象,一位是林宰平先生,一位是宗白华先生,其丰度气象,高山仰止。惜乎林先生只在张难先前辈席上见过一面,而宗先生是我在前中央大学念书时的老师,有过几度接触。"[38] 从这些文字,我们可以一窥宗白华当年自然恬静之风采和光风霁月之气度。

　　虽然宗白华的风度如陶潜般悠然与洒脱,但自少年起内心弥漫着的淡淡哀伤,目睹着国家民族在时代巨浪下的无力浮沉,使他的灵魂深处,仍然弥漫着沉静的哀伤。他的学生谢随知回忆这一时期的宗白华:"我觉得,宗老师的灵魂深处,他对这个世界的看法是很深沉的,怀着一种莫名的悲哀,这个也许可以追溯到他在德国的时候,或者就种下了根子。"[39] 宗白华没有桎梏于自怜自艾、伤春悲秋的消极感怀中,他内心深处的哀伤,更多的是悲悯。正因胸怀悲悯,宗白华不在乎个人名利得失,也无意政治上的角逐,而是以博大的同情的态度,始终关心人类生命本身的价值和心灵的安放。他在烽火岁月下选择将艺术作为一种实现方式,通过审美、艺术的路径来获得精神的慰藉与栖居,用艺术和美的深致动人的力量使人生和生命涅槃重生。谢随知谈道:"宗老师说,世界既然是一团烦恼,怎样解脱它呢? 歌德活到 70 多岁! 叔本华也活到 70 岁以上,叔本华悲观的哲学并没有使他自尽,那就是因为探求真理,或对艺术的追求和创造,可以解脱这种烦恼,精神生活的丰富和充实,是人生唯一的寄托。宗老师并不信宗教,但他可以说是钦佩一切真正的道德家、宗教家、哲学家、艺术家和政治家。"[40]

"宗老师在我心目中是一个淳厚、贤明的学者,也是一个深情敏感的诗人哲学家。"[41]这是宗白华在学生心中的形象。重庆时期,挚爱哲学与艺术的宗白华,内心依然保持着赤子般的炽诚与率真,对世间万物怀着细腻入微的同情,同时又以极其敏锐的思维洞悉其本质,究索宇宙生命的真谛。

二、赏画论美

重庆期间,宗白华与陈之佛、傅抱石、吕斯百、秦宣夫、谢稚柳、司徒乔、李可染、常书鸿等在中央大学艺术系任教的美术家结下友谊,[42]经常一起探讨问题,记录所思所想,发表了《读画感记——览周方白、陈之佛两先生近作》(1942 年 3 月 2 日)、《凤凰山读画记》(1944 年 4 月 20 日)、《团山堡读画记》(1945 年 11 月 4 日)、《与宣夫谈画》(1945 年 12 月 9 日)等文,其中有对美术作品的介绍评价,也有宗白华自己的感悟思考,表达了他的艺术趣味与审美理想。

周方白,1932 年赴欧在巴黎国立高等美术学院学习,曾获比利时皇家金奖章,并加入比利时皇家美术学会。1936 年被录入美国加州大学《中国名画家录》。回国后,曾先后任中央大学、圣约翰大学、国立艺术专科学校等校教授。陈之佛,1918 年留学日本学习图案,次年入东京美术学校工艺图案科。1923 年回国后从事工艺美术教育,曾任教于上海美术专科学校及中央大学艺术系。擅长工笔花鸟画,作品造型生动、准确,色彩清丽、典雅,画风清新、冷逸,1942 年在重庆举办了第一次个人花鸟画展览。周、陈二人都具有非常高超的艺术造诣和技巧。宗白华在《读画感记》中评价他们:"周方白先生以西画训练的眼光分解对象,其画竹石生意泼辣,构图意义,幅幅不同,如睹造化,品清而醇厚。陈之佛先生运用图案意趣构造画境,笔意沉着,色调古艳,两先生皆能于承继传统中出之以创新,使古人精神开新局面,而现代意境得以寄托。"[43]在这篇文章中,宗白华对中国的山水花鸟画给予了极高评价,并对宋元花鸟画的审美形态进行剖析,篇幅不长,但见解精深。他说:"山水画因为中国最高艺术心灵之所寄,而花鸟竹石则尤为世界艺术之独绝。勃莱克诗句:'一沙一世界,一花一天国',惟宋元花鸟竹石小幅最能启示此境界。中国人发挥于磁器上之色彩感,表现于三代钟鼎彝器上之形体感,发挥于图案花纹及书法上之线条美,皆荟萃于宋元花鸟画中,完成一种精美华艳而意味高贵深永的艺境。每见宋人画一鹅一鸭,其造像宽博沈厚有如鼎彝,而线纹圆劲,赋色古艳,显示一音乐的意境。徐熙、黄筌之遗作可与唐诗、宋词并驱争先,为民族最深美感之具体表象。"[44]

吕斯百,在中央大学期间得徐悲鸿赏识,于1928年被推荐赴法国留学,初在里昂国立美术学院,1931年入巴黎国立高等美术学院,曾游历西欧各国,考察美术。1934年回国,任中央大学艺术系教授,后出任系主任。吕斯百与宗白华私交甚好,曾去宗白华居住的柏溪拜访他,两人讨论绘画讨论得兴起,吕斯百挥笔画就一幅油画赠给宗白华。这幅油画前景是嘉陵江,中景是宗白华身穿灰色长袍的人侧立在一棵大树右边,远景则是层叠的山峦与山脚下的房屋。这幅画虽然并没有吕斯百的署名,也没有标记画作时间,但此画意境深得宗白华欣赏,一直挂在宗家客厅。1942年3月29日,吕斯百邀请宗白华和李长之去往他的画室赏画。宗白华与李长之爬上吕斯百画室所在的凤凰山顶,看到眼前五六十张各具风格的油画,虽然有些画面上落了灰尘,但依旧遮挡不住这些画惟妙惟肖、出神入化的风姿。宗白华叹为观止,抑制不住激动的心情写下《凤凰山读画记》,其中谈道:

> 斯伯的画,本也不是一见就令人得到刺激和兴奋的。他的画境,正像他的为人和性格,"静"和"柔"两字可以代表,静故能深,柔故能和。画中静境最不易到。静不是死亡,反而倒是甚深微妙的潜隐的无数的动,在艺术家超脱广大的心襟里显呈了动中有和谐有韵律,因此虽动却显得极静。这个静里,不但潜隐着飞动,更是表示着意境的幽深。

唯有深心人才能刊落纷华、直造深境幽境。陶渊明、王摩诘、孟浩然、韦苏州这些第一流大诗人的诗，都是能写出这最深的静境的。不能体味这个静境，可以说就不能深入中国古代艺术的堂奥！

我们看斯伯的每一张画，无论静物、画像、山水，都笼罩着一层恬静幽远而又和悦近人的意味，能令人同它们发生灵魂上的接触，得到灵魂上的安慰。你看他画的大油菜，简直是希腊庙堂境界：庄严、深厚、静穆，而暗示着生命的源泉。你看他瓶中野菊花，多么真实生动，巧夺天工，朵朵花都是作者的精思细察，而手上的笔触能够微妙地表出。他的桔柑：形的浑圆，色的流韵，把握到最深的实在，因而把握到实在里的诗。戴醇士（熙）说得好："画令人惊，不如令人喜，令人喜，不如令人思。"这个思，不是科学家的分析，而是哲人对世界静物之深切的体味。艺术家在掘发世界静物的形、色、线、体时，无意地获得物里面潜隐的真、善、美，因而使画境深而圆融，令人体味不尽。而物里面的"和谐"与"韵律"之启示，更是艺术家对人类最珍贵的赠与，我们现代生活里面有"和谐"吗？有"韵律"吗？

我爱斯伯画里面静而冷的境界，可以令人思，令人神凝意远。然而我更爱斯伯的静而有热的画，我称之为"嫩春境界"。他的几幅初春野景，色调的柔韵欲流，氛围的和雅明艳，令人心醉，如饮春风，如吸春胶。我心里暗中盼望它不全卖去，让我们这些朋友能够常到他画室里来流连欣赏！[45]

司徒乔，擅长油画、素描。1926年在北京中央公园水榭举办个人第一次画展。1928年赴法留学，师从写实主义大师比鲁。1930年赴美被驱逐出境。翌年回国，任教于岭南大学。1934年至1936年任《大公报》艺术周刊编辑,后去缅甸仰光养病,1939 年辗转新加坡。1942 年返回重庆,住在团山堡。1943 年赴西北写生,并于 1945 年 9 月在重庆举办新疆写生画展。1945 年夏,司徒乔拜访了宗白华,两人是故交,阔别数年,二人久别重逢,嘘寒问暖。宗白华非常钦佩司徒乔广袤的游历见闻和心灵体验,说一定要去看他的创作。9 月 26 日,宗白华与友人往司徒乔住的团山堡看画。司徒乔曾深入到新疆写生,其绘画中的人物、动物、劳动场景生动传神,笔墨勾勒出的风景不胜枚举,从冰湖的琉璃世界到大戈壁的一望无涯、浩瀚苍渺,观之令人顿生旷朗之气,胸怀顿开。司徒乔的画带给宗白华极大的震撼,那种素朴、原始的风格,让宗白华耳目一新,他在《团山堡读画记》中赞叹道:

> 然就所见,已深感乔卿兄视觉之深锐,兴趣之广博,技术之熟练,而尤令我满意的,是他能深深地体会和表现那原始意味的、纯朴的宗教情操。西北沙漠中这种最可宝贵、最可艳美的笃厚的宗教情调,这浑朴的元气,真是够味。回看我们都会中那些心灵早已淘空了的行尸走肉,能不令人作呕!《晨祷》、《大荒饮马》、《马程归来》、《天山秋水》、《茶叙》、《冰川归人》等等,他们的美,不只是在形象、色调、技法,而是在这一切里面透露的情调、气氛,丝毫不颓废的深情与活力。这是我们艺术所需要的,更是我们民族品德所需要的。所以我希望乔卿的画展,能发生精神教育的影响。
>
> 但乔卿既能画热情动人、活泼飞跃的舞女,引起我对生命的渴望,感到身体的节拍,而他又画得轻灵似梦、幽深如诗的美景,令人心醉,其味更为隽永。大概因为我们是东方人罢,对这《清静境》,对这《默》,尤对那幅《再会》,感到里面有说不尽的意味。画家在这里用新的构图、新的配色,写出我们心中永恒的最深的音乐;在这里,表面上似乎是新的形

式,而骨子里是东方人悠古的世界感触。[46]

　　司徒乔的绘画带给了宗白华不一样的审美体验,尤其是画中透露的"情调"、"气氛"、"深情"、"活力",直击宗白华多情细腻且奔逸洒脱的精神世界。宗白华坦言:"在这狂涛骇浪的大时代中,我的生活却象一泓池沼,只照映着大保的松间明月,江上清风。我的心底深暗处永远潜伏一种渴望,渴望着热的生命,广大的世界。涓涓的细流企向着大海。"[47]司徒乔的画,可以说正接应了宗白华心中的这种本真渴望。在司徒乔充满生命力量的绘画中,宗白华似乎找到了一个容纳自己"渴望"的精神栖所,那里有他向往的"自由美好"。

　　秦宣夫,我国 20 世纪著名画家、美术史论家和美术教育家。1929 年毕业于清华大学外语系。1930 至 1934 年在法国巴黎美术学院学习油画,同时在卢弗尔学校、巴黎大学艺术考古研究所学习西方美术史。1934 年回国,先后在北平艺专、清华大学、国立艺专、中央大学艺术系任讲师及教授。1952 年以后任南京师范学院美术系教授、副主任、主任直至退休。1944 年,秦宣夫在中央大学艺术系任教期间,宗白华对他的美术作品非常有兴趣,两人一见面就谈论关于艺术创作、艺术欣赏的一些问题。1945 年 12 月,秦宣夫在重庆举办第一次个人画展,重庆《大公报》为此推出专刊,撰文评介者有宗白华、徐悲鸿、吕斯百、傅抱石、林风眠、汪日章等人。宗白华在《与宣夫谈画》中记录了秦宣夫与他的一次交谈,文中写道:

　　　　"我的画不愿意题上富有诗意的画题。我画里要是有诗,它自然会逃不了鉴赏者的心目,要是根本没有诗,题上一条优雅的名字,也题不出诗来"——当秦宣夫兄取出他的一张张近作来给我看时,口里这样说。
　　　　他这话是具有深厚的意义的。我想起罗丹在他的谈话录里常常欢喜说:"艺术家只要看清楚了自然,把它如实地

　　　　　　　　　　　　　　　　　　　　　　　　哲诗宗白华

表现出来就得了，不必对自然作什么解释，也不要灌注什么诗意情感进去！"

　　本来"自然"里一朵花、一枝叶、一只草虫、一个人体，甚至一块人体上的凹凸的面，这里面所涵藏的境界，所潜存的智慧，它里面的数学、光学、生理学、解剖学，是超过我们人类渺小的学识聪明不知若干倍。它里面，蕴藏的美、真、善，也是具有不可窥尽的深。我们要用崇高的感情去接近它，朝拜它，等若干时间之后，像情人耐心等待他的美人的回首转目，她翦一顾盼，偶示色相，你，画家，就可取之不尽，用之不竭，创辟天地，裁就作风。[48]

　　宗白华的心海中，自始至终流淌着"自然"的潮涌。他相信，艺术家只有真正融情自然、体会自然，才能把捉"自然的诗心"：

　　　　世上的艺术家，可有二型，一是亲密自然的，一是离开自然的。离开自然的作风，像埃及的画，西洋中古的雕刻，现代立体派表现派的画。亲密自然的，对昼、夜、风、雨、霞光、月色、花、草虫，天边的飞鸟，水边的沙痕，点点痕痕都是他眼中的泪，心里的血，画着它们，就是画着自己的梦瑰。

　　　　古人说："诗者天地之心"，原来天地要借人类的诗、画、音乐、雕刻、建筑，写出他的"心"来。画家只要肯虔诚地去实写自然，那自然的诗心，会自己不待邀请地从你的画面跳出来。所以我看了宣夫的许多幅油画后，就对宣夫说："你对自然具有这样深的爱，'自然'没有不报答你的爱情。"[49]

　　宗白华秉持亲近自然的艺术观，非常强调艺术家对自然的真情实感。他认为画家愿意秉着虔诚之心真实地对待自然，那"自然的诗心"，就会自然地流露在作品之中。他从秦宣夫的画中，看到了他对自然的真情感，也品到了自然回馈秦宣夫的爱意。正所谓"我见青山多妩媚，料青山见我应如是"[50]，便是宗白华在秦宣夫画中的感受。

正是对自然爱得深沉，也使宗白华更痛心人类对这美好天地的摧残与毁坏，在《与宣夫谈画》文末，宗白华发出了令人深省的疑问与困惘："自然把一切都美化了，善化了，真化了，而我们人类现在仍在进行着一项工作，要毁灭一切自然赠与我们的价值！摧毁人类的千年辛辛苦苦所创造累积的价值！宣夫兄，你的感想怎么样？你这点辛苦的制造品将来又怎么样？"[51]

宗白华喜爱秦宣夫的绘画，也喜欢与秦宣夫交流。每次和秦宣夫在一起时，话题总是围绕艺术展开。秦宣夫曾说："我和宗先生的友谊是建立在热爱艺术上的"，"我们一见面谈的都离不开艺术欣赏和创作。"[52]

傅抱石，少年家贫，11 岁在瓷器店学徒，自学书法、篆刻和绘画。1925 年著《国画源流概述》，1929 年著《中国绘画变迁史纲》，1933 年在徐悲鸿帮助下赴日本留学，1934 年在东京举办个人画展。1935 年回国在中央大学艺术系任教。宗白华对傅抱石的绘画以及艺术理论的成就非常认可，在自己主编的《星期学灯》编辑后语中，对傅抱石的《晋顾恺之〈画云台山〉记》、《中国古代山水画史》等论著，都作出了很高的评价。1941 年 4 月 7 日，傅抱石在《星期学灯》第 117 期发表《晋顾恺之〈画云台山记〉之研究》，对顾恺之《画云台山记》这篇文章中的疑难问题进行阐释解读，并且重新对中国山水画的发源进行讨论。之所以作这篇文章，是由于当时"日本学者伊势氏的'无视一切'，一种表现日本民族的'偏狭的自大'"[53]，于是傅抱石决心研究顾恺之的《画云台山记》，重振中国山水画史的研究。宗白华在这期《星期学灯》的编辑后语中认为傅抱石"细心地把中国山水画史上顶重要而晦涩的文献，东晋顾恺之的一篇《画云台山记》，研究一番，竟能豁然贯通，一拨千百年以来的谜，最重要的是，此后中国山水画史的研究,可冲过隋代,即绘画思想的研究,也可从南齐谢林经由晋顾恺之而上溯汉魏了"[54]。1942 年 9 月 25 日,《星期学灯》第 194 期发表了傅抱石的著作《中国古代山水画史》的附题《谨以此章悼念滕若渠(固)兄》。宗白华在这一期《星期学灯》的编辑后语中,对傅抱石《中国古代山水画史》的理论成就给予肯定:"把自汉至唐这一重要时期的山水画史殷勤地建立起来。据个人的浅见,至少可从两方面举出若干重要的优点:(一) 从学术的观点言,《画云台山记》之发现,固始自先生,而(A)顾恺之的六幅山水,(B)《魏晋胜流画赞》及《论画》的辨误和诠释,(C)道家思想与山水画的发达,(D)隋代展子虔写青绿山水的先锋诸点,皆千余年来从未经人道过的秘密;(二) 从发扬文化及国际影响言,据本书所研究,中国有山水画至少在千五百年之前,而有山水画史,则不能不推此书。因此,不但在中国是一本堪以重视的学术著作,即持视国际间同类之研究,可断言不愧为出自'山水画的故乡'——中国人的作品。"[55]宗白华不仅从理论价值层面对傅抱石的《中国古代山水画史》作出评价,而且他看到了这部著作的民族学理价值。中国作为山水画的故乡,理应具有一部书写中国古代山水画史的本土著作。宗白华为傅抱石这部《中国古代山水画史》自豪,也期待中华民族艺术理论的振兴。

　　心无美感、只知功利的人,是无法与真正的艺术家产生深切共鸣的,更无法对艺术作品产生深层的体悟。在宗白华这些文字中,我们能感受到他对艺术中最真实、最本质、最深层的东西的感知与共鸣,是"画境",是"生命",也是"自然"!

三、再亮"学灯"

　　重庆在抗日战争期间是一座名副其实的"英雄城市",面对日军的飞机轰炸,重庆人民从未退缩,各界人士万众一心,互相帮扶,抵制日寇。在重庆的中央大学,也肩负起了作为当时中国最高等学府的沉重使命,师生们团结一致,在艰苦的环境中自力更生、奋进学习。

校长罗家伦非常重视学生教育,定期向学生做演讲。他坚信教育的最高目的是培育良好的人,塑造良好的国民。中央大学的老师们,即便环境艰苦也毫无怨言,认真备课讲授。学生们都非常珍惜来之不易的读书机会,发奋苦读。每天清晨,在嘉陵江边的马路上、松林坡上,都能听到朗朗读书声。

在这中华民族的危亡之际,宗白华一边任教,同时再次主编《星期学灯》。他想用光与热,照亮迷雾中的前途,点燃人们心中那一腔熊熊烈火。之前,《时事新报》副刊《学灯》于1929年5月16日改名为《教育界》而停刊。1932年10月23日复刊,改名《星期学灯》,中间经历了陆陆续续的停复刊。1938年6月5日,《星期学灯》再度于重庆复刊,由宗白华负责主编。《星期学灯》(渝版)从1938年6月到1945年春,期间因敌机轰炸,于1939年5月至8月停刊了三个月,总共历经八年之久。

对战火中的《星期学灯》,宗白华寄予了厚望。在重庆《星期学灯》第1期的发刊词上,宗白华痛斥法西斯主义的不义之战,讴歌为国捐躯、视死如归的英勇义士。他说:"这个世界实在太黑暗了:一切人间的信义,道德,仁慈,国格,人类共存不可缺少的条件,都被我们的敌人撕破。而全世界的强国都充满了伟大的自私,我们独个为人类的正义抗战到底。敌人暴露了人间的兽性,而我们卫国的将士却显示了人间的神性。每一个单纯的兵士,没有受过多少教育,没有得到国家丰厚的待遇,却个个视死如归,慷慨捐躯,一寸国土,一堆碧血。若不是五千年来的国魂来复,最高领袖的精神感召,这真是一件不可思议的奇迹!"[56]

对中华民族文化精神,宗白华有非常深入的研究,他从不妄自菲薄,而是对民族文化充满了热切的期望:

> 我们应该恢复汉唐的伟大,使我们的文化照耀世界。
> 我们的文化是精神的,同时是非常现实的;是刚毅的,

同时是慈祥的；是有力的，同时是美的。汉代的书法，唐代的雕刻，表现了这个。

……

尼采所理想的文化是阿波罗（美与智慧）与狄阿里索斯（生命的狂热）两种精神的结合。这种的文化只是希腊和中国曾经有过。

……

我们为什么不应该爱我们的祖国？我们为什么不建立一个自己精神自己理想的国家！[57]

"五四"时期《学灯》的精神依旧在他的脑海中回荡，他进而提出新的理想与希望：

在十九年前，"五四"运动的时候，《学灯》应了那时代的三种精神而兴起：（一）抗日救国的精神；（二）提倡科学的精神；（三）提倡民主的精神。而思想的解放，精神的独立和对社会问题、青年问题的注视，也是那时代的特色。

今天的《学灯》，仍愿为这未尝过去的时代精神而努力。《学灯》敬恳全国的学者，思想知识界的人士，利用这区区的园地作为他们代表思想和研究的场所。我们是一张白纸，没有成见，没有偏见；希望大家来刻下他的心灵创造。今后《学灯》的成功或失败是全国学者的责任，不是编者个人的责任，因为它已奉献给大家了。

《学灯》希望发表的文字是：

（一）与抗战建国有关的学术文字；

（二）各种纯学术的论文或译文；

（三）文学艺术底理论研究。

《学灯》愿擎起时代的火炬，参加这抗战建国文化复兴的大业。[58]

这篇发刊词,可谓荡气回肠,它包含着一种崇高的力量,旨在唤醒与重振国人的信心与力量。宗白华本是一位平和的人,平日甚少疾言厉色,然而在这篇文章中,我们感受到了宗白华心中澎湃的激情与信念,因为时代需要怒吼! 时代需要力量! 这篇文章刊出后引起了热烈的反响,当时中央大学经济系教授朱偰在1938年7月10日的《星期学灯》上撰文称赞宗白华说的"五千年来的国魂来复":"好一个'五千年的国魂来复',我们每一个国民,每一个同胞,都应该清醒认识:五千年的国魂降临在每一个人身上:国家的存亡,在此一战! 五千年民族文化的绝续,在此一战! 我们更要进一步深切认识:黄种人文明的兴衰,世界人道的绝续,也在此一战!"[59]

宗白华主编《星期学灯》期间,大力扶持后学,有好的文章悉数刊发,培养了不少优秀青年学子。但是宗白华也有一条原则,不能在《星期学灯》上打笔墨官司,凡是有两种对立激烈的言论,均不予刊出。[60]《星期学灯》在宗白华主编期间,刊发了大量有关文学、历史、哲学、艺术、经济等的文章,总的来说偏向于学术理论,这与宗白华以往的学术理想和办刊理念始终一致。宗白华认为,中华民族正在与日本交战,如果能够在学术上有所进益取得成就,并争取超过日本,也算是一种"胜利"。在这种理念的坚持下,《星期学灯》也成为抗战期间为数不多的纯学术刊物。

宗白华自己也在《星期学灯》上发表了多篇文章,有《我所爱莎士比亚的》(1938年7月3日)、《技术与艺术》(1938年7月24日)、《柏溪夏晚归棹》(1939年12月18日)、《论〈世说新语〉和晋人的美》(1941年4月28日)、《欢欣的回忆和祝贺——贺郭沫若先生50生辰》(1941年11月10日)、《清谈与析理》(1942年8月31日)、《艺术与中国社会》(1944年1月1日)等。

每期《星期学灯》刊出,宗白华会撰写编辑后语,对当期文章进行总结评论,这些编辑后语虽篇幅不长、文字简短,但暖人不燥,慧见迭出。

1938 年 9 月 17 日《星期学灯》第 23 期编辑后语,宗白华提出艺术是"力"和"美"的结晶,倡导韵律的节奏的生活,认为这才是"真实"、"健康"、"壮大"的生活:

> 读了徐先生的文章,感到韵律的节奏的生活才是真实的生活,才是健康的壮大的生活,才是一切创造力的源泉。所以中国古代拿礼和乐做社会生活的骨架。但中国文化里丧失最多的是乐教。唐代以后的中国几乎成了一个无音乐的国土。比起近代欧洲国家,真是惭愧。乐教丧失,一种人类的狭隘,自私,暴戾,浅薄,空虚,苦闷,充塞了社会。不能有真的同情与团结,不能发扬愉快光明的创造精神。生活没有节奏韵律,简直不是人的生活。中国古代乐教衰落,还幸喜有普遍于社会的写字艺术来表现各人的及时代的情调韵律,各种微妙的境界。汉代边疆小吏的木简,六朝隋唐普通人的写经,都有韵味,有表现,都是深厚朴实的艺术。我们窥见那是"力"和"美"的结晶,是充实的韵律生活的自然流露。那是一个有力和美的时代。所以我希望教育界于极力提倡音乐教育之外,还能顾到中国独有的写字艺术之普遍化。[61]

1939 年 1 月 8 日《星期学灯》第 32 期编辑后语,宗白华针对当时报载重庆初中学生健康检查,五千人中仅有九十六个身体完全健康的学生的消息,指出文化灿烂需要健康体魄的基础:

> 我以为近代中国人的道德堕落,怯懦,苟安,自私,贪财,意志薄弱,容易动摇,整个的原因是由于体魄不健,神经

衰弱，无积极生活之光明的勇气和拓展事业的魄力，只想拿投机取巧，不劳而获的方法占得虚荣和生活的享受。不了解生活的真正幸福是在一健康体魄底活泼劳动！中国汉唐时人，西洋希腊和近代人都了解这一点，他们文化的灿烂是有它生理的基础。[62]

1939年1月15日《星期学灯》第33期编辑后语，宗白华提出要重新恢复中华民族"生活力丰满，情感畅发"作为"诗的民族"和"音乐的民族"的风采：

　　前天我同郭本道先生偶然谈到中西民族从文艺方面探讨它们的特性的问题。郭先生说："中国民族性是'诗'的，西洋民族性是'音乐'的。诗是向内的，蕴藉的，温柔敦厚的，回旋婉转，悒郁多愁。音乐是向外发扬的，淋漓慷慨，情感舒畅，雄壮而欢乐的。"他这话颇含至理。所以中国的"音乐"也近于"诗"，倾向个人的独奏。月下吹箫，是音乐的抒情小品。西洋的诗却近于音乐，欢喜长篇大奏，繁弦促节，沉郁顿挫，以交响乐为理想。西洋诗长篇抒情叙事之作最多，而西洋民众合唱的兴致和能力也最普遍。

　　中国唐代文明最近于近代西洋，生活力丰满，情感畅发，民间诗歌音乐兴趣普遍，诗人的名作，民众多能歌唱。宋代以来，诗人失了他的民众，民众也没有了诗。郭先生所说中国民族是"诗"的，从这时起恐怕已不复是事实。现在人有提倡"朗诵诗"，果真诗能朗诵，民众能朗诵诗人之诗，我们岂不又恢复作"诗的民族"并且是"音乐的民族"了吗？[63]

1939年2月5日《星期学灯》第36期编辑后语，宗白华呼唤要

以民族"最大热情"唱响"民族的歌":

> 睡方雄狮,现在真正的作狮子吼了!五千年的历史,四万万五千万的民众,尝尽了酸甜苦辣,聚积了无数的愤怒耻辱,这一次要拿最大的牺牲夺取最大的光荣了。岂能没有歌?民族的歌只能在民族一次最大的热情里迸出。时候到了!看我们的歌也正在源源的流出![64]

宗白华这些编辑后语,有阐发中国文化特点的,有比较中西文明特征的,有针砭社会问题症结的,更有赞扬中国力量与民族精神的。从这些内蕴思想情怀的简洁文字中,我们看到了一个更全面、更立体的宗白华,看到了他一以贯之的阔阔高远、洒脱高洁的自由灵魂!

抗战期间的重庆,有"陪都新八景"的说法,其中一景即为"沙坪学灯"。沙坪坝本来只是重庆城郊的一个小镇。抗战爆发后,重庆成为战时首都,重庆大学、中央大学、南开中学、中央工业学院等学校先后迁至沙坪坝。沙坪坝区学府林立,文人汇集,学生麇聚,成为当时重庆的文化中心。这些聚集在沙坪坝的众多学府,是浓雾笼罩下起伏山城中隐隐若现的明灯。"沙坪学灯"既是这些中华民族希望承载的战时学校,也是宗白华在战火中重新复刊主编的《星期学灯》。散发墨香的《星期学灯》的重新点亮,也为"沙坪学灯"赋予了一个具象,呈现了中华学人不屈的进取精神和坚韧力量!

第四节　思羽片片

> 美与美术的源泉是人类最深心灵与他的环境世界接触相感时的波动。各个美术有它特殊的宇宙观与人生情绪为最深基础。中国的艺术与美学理论也自有它伟大独立的精神意义。

——宗白华:《介绍两本关于中国画学的书并论中国的绘画》,载金雅主编、王德胜选编《中国现代美学名家文丛·宗白华卷》,浙江大学出版社 2009 年版,第272 页。

　　在宗白华留德归国到 1948 年这段执教人生中,宗白华肩负着时代的使命,承担着教师的责任,他对外部世界的历史与现实发起了深刻的追问,对万事万物的所见所感翻腾起汹涌的情海,这些心灵的震动与疑惑最后都归结为了自我内心的诘问。他将自己的情感放飞,又将思维沐浴在理性的阳光下,化为片片流空的白云,那是思想的结晶。这段时间,宗白华发表的文学、美学、艺术学类文章有四十余篇,他的美学、艺术学文章从来就不只是就艺术论艺术,就人而论人,而是将人的生命、生活、人生与艺术、审美相结合,开拓出人生论美学的向度来。但从内容的侧重来说,这些文章主要为两大类,谈艺与论人。

一、探问艺术"灵境"

　　这一时期,宗白华发表了大量艺术、美学文章,涉及绘画、诗歌、戏剧、敦煌艺术等,以及文艺理论。

　　讨论绘画的主要有《介绍两本关于中国画学的书并论中国的绘画》(《图书评论》第 1 卷第 2 期 1932 年 10 月 1 日)、《论中西画法的渊源与基础》(《文艺丛刊》第 1 卷第 2 期 1943 年 10 月)、《中西画法所表现的空间意识》(《中国艺术论丛》第 1 辑 1936 年版)、《中国诗画中所表现的空间意识》(《新中华》第 12 卷第 10 期 1949 年 5 月 16 日)等。

　　他讨论了中国绘画所表现的"最深心灵":

　　　　中国绘画里所表现的最深心灵究竟是什么? 答曰,它既不是以世界为有限的圆满的现实而崇拜模仿，也不是向一无尽的世界作无尽的追求，烦闷苦恼，彷徨不安。它所表现的精神是一种"深沉静默地与这无限的自然，无限的太空浑然融化，体合为一"。它所启示的境界是静的，因为顺着自然法则运行的宇宙是虽动而静的，与自然精神合一的人生也是虽动而静的。它所描写的对象，山小、人物、花鸟、虫鱼，都充满着生命的动——气韵生动。但因为自然是顺法则的（老、庄所谓"道"），画家是默契自然的，所以画幅中潜存着一层深深的静寂。就是尺幅里的花鸟、虫鱼，也都像是沉落遗忘于宇宙悠渺的太空中，意境旷邈幽深。至于山水画如倪云林的一丘一壑，简之又简，譬如为道，损之又损，所得着的是一片空明中金刚不灭的精萃。它表现着无限的寂静，也同时表示着是自然最深最后的结构。有如柏拉图的观念，纵然天地毁灭，此山此水的观念是毁灭不动的。[65]

他从比较的视野来考察中西绘画：

> 一为写实的，一为虚灵的；一为物我对立的，一为物我浑融的。中国画以书法为骨干，以诗境为灵魂，诗、书、画同属于一境层。西画以建筑空间为间架，以雕塑人体为对象，建筑、雕刻、油画同属于一境层。[66]

他认为中国绘画重在表现"生命情调"，西方油画重在"形似逼真与色彩浓丽"。他从中国哲学的根基来看待这个问题：

> 中国画所表现的境界特征，可以说是根基于中国民族的基本哲学，即《易经》的宇宙观：阴阳二气化生万物，万物皆禀天地之气以生，一切物体可以说是一种"气积"（庄子：

天,积气也)。这生生不已的阴阳二气织成一种有节奏的生命。中国画的主题"气韵生动",就是"生命的节奏"或"有节奏的生命"。伏羲画八卦,即是以最简单的线条结构表示宇宙万象的变化节奏。后来成为中国山水花鸟画的基本境界的老、庄思想及禅宗思想也不外乎于静观寂照中,求返于自己深心的心灵节奏,以体合宇宙内部的生命节奏。中国画自伏羲八卦、商周钟鼎图花纹、汉代壁画、顾恺之以后历唐、宋、元、明,皆是运用笔法、墨法以取物象的骨气,物象外表的凹凸阴影终不愿刻画,以免笔滞于物。所以虽在六朝时受外来印度影响,输入晕染法,然而中国人则终不愿描写从"一个光泉"所看见的光线及阴影,如目睹的立体真景。而将全幅意境谱入一明暗虚实的节奏中,"神光离合,乍阴乍阳"(《洛神赋》语),以表现全宇宙的气韵生命,笔墨的点线皴擦既从刻画实体中解放出来,乃更能自由表达作者自心意匠的构图。画幅中每一丛林、一堆石,皆成一意匠的结构,神韵意趣超妙,如音乐的一节。气韵生动,由此产生。书法与诗和中国画的关系也由此建立。[67]

他认为西方绘画也不例外,其深层渊源同样要追溯到宇宙观:

西洋绘画的境界,其渊源基础在于希腊的雕刻与建筑(其远祖尤在埃及浮雕及容貌画)。以目睹的具体实相融合于和谐整齐的形式,是他们的理想(希腊几何学研究具体物形中之普遍形象,西洋科学研究具体之物质运动,符合抽象的数理公式,盖有同样的精神)。雕刻形体上的光影凹凸利用油色晕染移入画面,其光彩明暗及颜色的鲜艳流丽构成画境之气韵生动。近代绘风更由古典主义的雕刻风格进展色彩主义的绘画风格,虽象征了古典精神向近代精神的转变，然而它们的宇宙观点仍是一贯的，即"人"与"物"，"心"与"境"的对立相视。不过希腊的古典的境界是有限的具体宇宙包涵在和谐宁静的秩序中，近代的世界观是一无穷的力的系统在无尽的交流的关系中。而人与这世界对立，或欲以小已体合于宇宙，或思戡天役物，申张人类的权力意志，其主客观对立的态度则为一致（心、物及主观、客观问题始终支配了西洋哲学思想）。[68]

讨论诗歌的主要有《唐人诗歌中所表现的民族精神》（《建国月刊》第 12 卷第 13 期 1935 年 3 月）、《我和诗》（《文学》第 8 卷第 1 期 1937 年 1 月 1 日）等。

他盛赞唐代诗歌中体现的"民族自信力"，欣赏激昂进取的初唐与盛唐诗人，痛斥颓靡堕落的晚唐诗人：

> 初唐诗人的壮志，都具有并吞四海之志，投笔从戎，立功塞外，他们都在做着这样悲壮之梦，他们的意志是坚决的，他们的思想是爱国主义的，这样的诗人才可称为"真正的民众喇叭手"！中唐诗人的慷慨激烈，亦大有拔剑起舞之概！他们都祈祷祝领战争的胜利，虽也有几个非战诗人哀吟痛悼，诅咒战争的残忍；但他们诅咒战争，乃是国内的战乱，惋惜无辜的死亡，他们对于与别个民族争雄，却都存着同仇敌忾之志。
>
> ……
>
> 晚唐的诗坛充满着颓废、堕落及不可救药的暮气；他们只知道沉醉在女人的怀里，呻吟着无聊的悲哀。[69]

还有讨论戏剧的《莎士比亚的艺术》（《戏剧时代》第 1 卷第 3 期 1937 年 8 月 1 日）、讨论敦煌艺术的《略谈敦煌艺术的意义与价值》

（《观察》第 5 卷第 4 期 1948 年 9 月 18 日）等。

他称赞莎士比亚戏说：

> 全剧有一种"情调"的创造。他的戏剧愈成熟，愈能在一开头的几十句中就引导我们走进一种爱的或恨的情调中，那故事情节应当有的情调中，在这里表现了他不只是剧作家，也是一个大诗人。[70]

在重庆期间，宗白华曾偶然认识了女国画家邵芳。1944 年，邵芳与常书鸿、董希文、张大千、李浴、苏莹辉等人前往敦煌临摹壁画，曾任敦煌艺术研究所研究员，也是第一位前往敦煌临摹壁画的女画家。宗白华欣赏邵芳临摹的敦煌壁画中纯净健劲的线条、柔和静穆的色彩、超脱飘逸的意境。他说："敦煌真正是东方最伟大的艺术宝库，我们要保护它，使它成为中国艺术复兴的发源地，只有这高华境界的启示，才能重振衰退的民族心灵。"[71]回到南京后，宗白华观看了敦煌艺术研究所举办的艺展，绚烂瑰丽、奇幻绝美的敦煌艺术再次使他沉醉，他喜出望外，盛赞："这真是中国伟大的'艺术热情时代'！"[72]

宗白华将敦煌的艺术精神概括为"飞"，与他一贯的弘扬生命力的审美情调观相一致。他说：

> 因了西域传来的宗教信仰的刺激及新技术的启发，中国艺人摆脱了传统礼教之理智束缚，驰骋他们的幻想，发挥他们的热力。线条、色彩、形象，无一不飞动奔放，虎虎有生气。"飞"是他们的精神理想，飞腾动荡是那时艺术境界的特征。[73]

宗白华比较了敦煌人像所启示的中西人物画的主要区别，指出西方艺术是"将人体雕像谱入于光的明暗闪灼的节奏中"[74]，敦煌人像则是"融化在线纹的旋律里"[75]，他感慨："敦煌的意境是音乐意味的，全以音乐舞蹈为基本情调，《西方净土变》的天空中还飞跃着各式乐器呢！"[76]

此外，还有数目不少的讨论文艺基本问题的文章：《略谈艺术的价值结构》(《创作与批评》第 1 卷第 2 期 1934 年 7 月)、《技术与艺术——在复旦大学文史地学会上的演讲》[《星期学灯》(渝版)第 8 期 1938 年 7 月 24 日]、《中国艺术意境之诞生》(《时事潮文艺》创刊号 1943 年 3 月，增订稿刊于《哲学评论》第 8 卷第 5 期 1944 年 1 月)、《论文艺的空灵与充实》(《文艺月刊》1943 年 5 月)、《艺术与中国社会生活》[《星期学灯》(渝版)1944 年 1 月 1 日]、《中国艺术三境界》(《学生导报》第 1 期 1945 年 1 月 1 日)、《略论文艺与象征》(《观察》第 3 卷第 2 期 1947 年 9 月 6 日)等。

宗白华强调："艺术不只是具有美的价值，且富有对人生的意义、深入心灵的影响。"[77]他认为艺术主要是三种"价值"的结合体，而人生价值是艺术的深层价值：

> 一、形式的价值，就主观的感受言，即"美的价值"。
>
> 二、抽象的价值，就客观言，为"真的价值"，就主观感受言，为"生命的价值"(生命意趣之丰富与扩大)。
>
> 三、启示的价值，启示宇宙人生之最深的意义与境界，就主观感受言，为"心灵的价值"，心灵深度的感动，有异于生命的刺激。[78]

宗白华关注技术与艺术的区别："近代的技术，是人类根据科学的知识，应用到实际生活，满足生活的目的和需求的种种发明和机械。艺术则是表现人类对于宇宙人生的情感反应和个性的流露。一方面是实用，一方面是表现；一是偏于物质，一是偏重心灵；一是需要客观的冷静的知识，一是表达主观的热烈的情绪。"〔79〕他也承认二者的联系，宗白华说："艺术的美与工艺技术通常看来似乎矛盾冲突，有'雅俗之分'，因为通常以为艺术是有灵魂的，美的，自然的，工艺机器是人为的，粗俗的。但艺术的美也是人为的，非自然的。不过一则偏重实际应用，一则表现自我人格，其为非自然，则是一样。"〔80〕他并不盲目贬技术崇艺术，而是站在辩证的角度来考察二者的关系，呼吁"要给与技术以精神的意义，这就是给与美感，如我们古代的工艺——玉器和铜器"〔81〕。

他特别重视艺术所表现的境界，提出：一切艺术的境界，可以说不外是写实、传神、造境，是从自然的抚摹、生命的传达、到意境的创造，由此形成写实（或写生）的境界、传神的境界、妙悟的境界。对于"写实的境界"，宗白华认为："中国的写实不是暴露人间的丑恶，抒写心灵的黑暗，乃是'张目人间，逍遥物外，含毫独运，迥发天倪'（恽南田语）。"〔82〕对于"传神的境界"，宗白华指出："任何东西，不论其为木为石，在审美的观点看来，均有生命与精神的表现。画家欲把握一物的灵魂，必须改变他的技巧。就是不能再全部的纯写实的描画，而领抓住几个特点。"〔83〕对于"妙悟的境界"及三重境界的关系，宗白华在《中国艺术意境之诞生》中，用诗意的文字进行了深入的讨论与阐发。

《中国艺术意境之诞生》是宗白华美学思想的代表作之一。文中宗白华对中国美学的重要范畴之一"意境"进行了深入的阐发。他认为艺术家以自我心灵映射宇宙万象，从而萌生代山川表达情致的愿望，艺术家胸中涌现的，就是自己的主观生命情调与外部的客观自然景物交融互渗，所创构的一个"鸢飞鱼跃，活泼玲珑，渊然而深的灵境"，而这灵境体现在艺术作品中，就构成了这个作品的特定"意境"。〔84〕宗白华指出，"意境"创构的客观对象，是"使客观景物作我主观情思的象征"；"意境"创构的主观条件，需要"艺术家平素的精神涵养，天机的培植，在活泼泼的心灵飞跃而又凝神寂照的体验中突然的成就"〔85〕；意境创构的圆成，是"在拈花微笑里领悟色相中微妙至深的禅境"[86]。正所谓"鸟鸣珠箔"而"群花自落",是"静穆的观照"和"飞跃的生命"之和融。他用"道"、"舞"、"空白"来解释中国艺术意境的结构特点,认为"道"的"生生的节奏是中国艺术境界的最后源泉"。[87]"道"是音乐化、节奏化的生命,具有"舞"的美姿,"这最高度的韵律、节奏、秩序、理性,同时是最高度的生命、旋动、力、热情,它不仅是一切艺术表现的究竟状态,且是宇宙创化过程的象征",因此,"'舞'是中国一切艺术境界的典型"。[88]所以,中国艺术讲究空白,虚实相生、动静相宜,在"虚空中传出动荡,神明里透出幽深,超以象外,得其环中",这也"是中国艺术的一切造境"。[89]《中国艺术意境之诞生》是宗白华文艺思想中"意境"思想的集大成之作,也是中国艺术"意境"理论发展中最关键的论著之一,是我们理解、研究中国艺术需要品读的经典之一。

在《论文艺的空灵与充实》中,宗白华从周济和孟子的话引出艺术精神之二元:空灵与充实。对于"空灵",他指出:"艺术心灵的诞生,在人生忘我的一刹那,即美学上所谓'静照'。静照的起点在于空诸一切,心无挂碍,和世务暂时绝缘。这时一点觉心,静观万象,万象如在镜中,光明莹洁,而各得其所,呈现着它们各自的充实的、内在的、自由的生命,所谓'万物静观皆自得'。这自得的、自由的各个生命在静默里吐露光辉。"[90]对于"充实",他认为:"由能空、能舍,而后能深、能实,然后宇宙生命中一切理一切事,无不把它的最深意义灿然呈露于前。'真力弥满',则'万象在旁','群籁虽参差,适我无非新'(王羲之诗)。"[91]他感慨:"中国诗人尤爱把森然万象映射在太空的背景上,境界丰实空灵,像一座灿烂的星天!"[92]

《艺术与中国社会》主要讨论艺术在社会中的价值。宗白华提出,艺术的作用"是能以感情动人,潜移默化培养社会民众的性格品德于不知不觉之中,普遍而深刻。尤以诗和乐能直接打动人心,陶冶人的性灵人格"[93]。他认为礼乐与中国社会、艺术的关系是:"中国人感到宇宙全体是大生命的流行,其本身就是节奏与和谐。人类社会生活里的礼和乐,是反射着天地的节奏与和谐。一切艺术境界都根基于此。"[94]

在《略论文艺与象征》中,宗白华提出了诗人艺术家在人世间的两种态度:醒与醉。"醒"在于"透澈人情物理,把握世界人生真境实相,散布着智慧,那由深心体验所获得的晶莹的智慧"[95];"醉"在于"由梦由醉诗人方能暂脱世俗,超俗凡近,深深地深深地坠入这世界人生的一层变化迷离,奥妙惝恍的境地"[96]。当处于这种"因体会之深而难以言传的境地",诗人艺术家往往需要象征的(比兴的)手法才能传神写照,"诗人于此凭虚构象,象乃生生不穷;声调,色采,景物,奔走笔端,推陈出新,迥异常境"[97]。宗白华接着指出:"艺术的艺境要和吾人具相当距离,迷离惝恍,构成独立自足,刊落凡近的美的意象,才能象征那难以言传的深心里的情与境。"[98]

宗白华总是用带有哲理的思维来考察艺术,这就使得艺术不单单是愉悦身心的审美对象,也是创造人、涵育人、超拔人,且与人发生独特作用的另一主体。他的视野绝不仅仅局限在艺术形式的研究上,更是探入艺术"灵境",叩问人格、生命、人生。

二、透达人生"境界"

这一时期,宗白华还撰写了不少讨论人格、人生问题的文章。在这些文章中,宗白华引入了艺术与审美的视角,在寻求艺术、审美、人生的贯通中,叩思透达更高远、更诗性、更自由的人生境界。

这些文章主要有:《歌德之人生启示》(《大公报》文学副刊第220期至第222期1932年3月21日、28日、4月4日)、《歌德的〈少年维特之烦恼〉》(《歌德之认识》南京钟山书局1933年版)、《歌德席勒订交时两封讨论艺术家使命的信》(原刊信息不详)、《悲剧幽默与人生》(《中国文学》创刊号1934年2月1日,编入《艺境》改题为《悲剧的与幽默的人生态度》)、《席勒的人文思想》(《中央日报》1935年1月11日)、《我所爱于莎士比亚的》[《星期学灯》(渝版)第5期1938

年 7 月 3 日〕、《论〈世说新语〉和晋人的美》〔《星期评论》第 10 期 1941 年 1 月,增订稿刊于《星期学灯》(渝版)第 126 期 1941 年 4 月 28 日〕、《清谈与析理》〔《星期学灯》(渝版)第 192 期 1942 年 8 月 31 日〕等。

宗白华早年发表过《说人生观》(1919 年),提出乐观、悲观、超然观三种人生观。人该秉持着怎样的人生观,是宗白华一直思考的问题,这个问题也是他哲学研究、美学研究的动力之一。在 1934 年,他发表《悲剧幽默与人生》,进而讨论了悲剧的与幽默的两种人生观。步入中年的宗白华,思想逐趋稳健,日渐体现出哲诗化的气度和人格。

宗白华说:

> 人类史上向来就有一些不安分的诗人、艺术家、先知、哲学家等,偏要化腐朽为神奇、在平凡中惊异,在人生的喜剧里发现悲剧,在和谐的秩序里指出矛盾,或者以超脱的态度守着一种"幽默"。[99]

宗白华认为,持悲剧的人生态度的人,能体验到世界中深刻的矛盾,感受到丰富厚重的生命境界,直探生命与世界的最深处,因此悲剧式的人生具有一种悲壮的崇高精神。他说:

> 生活严肃的人,怀抱着理想,不愿自欺欺人,在人生里面体验到不可解救的矛盾,理想与事实的永久冲突。然而愈矛盾则体验愈深,生命的境界愈丰满浓郁,在生活悲壮的冲突里显露出人生与世界的"深度"。
> 所以悲剧式的人生与人类的悲剧文学使我们从平凡安逸的生活形式中重新识察到生活内部的深沉冲突,人生的真实内容是永远的奋斗,是为了超个人生命的价值而挣扎,

毁灭了生命以殉这种超生命的价值,觉得是痛快,觉得是超脱解放。[100]

宗白华所说的悲剧的人生态度,不是消极的、厌世的,其要义在于唤醒个体面对痛苦、面对矛盾、面对冲突时的自我生命力量,以及永恒的、至高的精神价值。这种悲剧的人生态度是美学、哲学的,它的目的在于激昂起人自身崇高的超越精神。所以宗白华说:"肯定矛盾,殉于矛盾,以战胜矛盾,在虚空毁灭中寻求生命的意义,获得生命的价值,这是悲剧的人生态度!"[101]

宗白华又提出一种幽默的人生态度,认为这是"一种愉悦,满意,含笑,超脱,支配了幽默的心襟",是"在平凡渺小里发掘价值"[102]。他说:

> 以广博的智慧照瞩宇宙间的复杂关系,以深挚的同情了解人生内部的矛盾冲突。在伟大处发现它的狭小,在渺小里却也看到它的深厚,在圆满里发现它的缺憾,但在缺憾里也找出它的意义。于是以一种拈花微笑的态度同情一切;以一种超越的笑,了解的笑,含泪的笑,惘然的笑,包容一切以超脱一切,使灰色黯淡的人生也罩上一层柔和的金光。觉得人生可爱。可爱处就在它的渺小处,矛盾处,就同我们欣赏小孩们的天真烂漫的自私,使人心花开放,不以为忤。[103]

宗白华肯定悲剧的与幽默的两种人生态度,它们都是"重新估定人生价值的","一个是肯定超越平凡人生的价值,一个是在平凡人生里肯定深一层的价值",它们都能给予人生以"深度"。[104]

将《悲剧幽默与人生》对比《说人生观》,可以看到,临近不惑之年的宗白华相较青年时期,在面对人生问题时,更能看到生命以及人生的复杂、矛盾与深刻，也更能以哲思和审美的汇融来观照人生。哲学让宗白华更智慧，艺术让宗白华更深情。悲剧的和幽默的人生态度，在宗白华这里，都是富有审美意趣的哲诗人生态度。他说："以悲剧情绪透入人生，以幽默情绪超脱人生。"[105]

在《席勒的人文思想》中，宗白华介绍了席勒美育思想，指出席勒主张"美的教育"，是意欲通过无目的的自由的愉悦的"游戏式"艺术活动，使分裂的堕落的近代人重新恢复完整健全自由和谐。宗白华借此发挥说：

> 人生不复是殉于种种"目的"的劳作，乃是将种种"目的"收归自心兴趣以内的"游戏"。于是乃能举重若轻行所无事，一切事业成就于"美"，而人生亦不失去中心与和谐。
>
> 达到这种文化理想的道路就是"美的教育"，"美的教育"就是教人"将生活变为艺术"。生活须表现着"窈窕的姿态"（席勒有文论庄严与窈窕），在道德方面即是"从心所欲不逾距"，行动与义理之自然合一，不假丝毫的勉强。在事功方面，即"无为而无不为"，以整个的自由的人格心灵，应付一切个别琐碎的事件，对于每一事件给与适当的地位与意义。不为物役，不为心役，心物和谐的成于"美"，而"善"在其中了。[106]

"美"应涵"善"，这是宗白华在席勒美学思想中窥见的人生论内核。

在《悲剧幽默与人生》中，宗白华曾称赞莎士比亚"是最伟大的悲剧家，然而他的作品里充满着何等丰富深沉的'黄金的幽默'"[107]。在《我所爱于莎士比亚的》中，他进一步深入阐发了对莎士比亚人格和艺术的理解。他高呼自己所热爱的是莎士比亚深刻而又同情的眼睛："这太阳似的眼睛照见成千成百的个性的轮廓阴影，每一个个性雕塑圆满,圆满得像一个世界。"[108] "那双晶莹的眼光却又和煦得像月光一般,同情的抚摩按在每一个罪犯的苦痛的心灵上,让每一个地狱的冤魂都蒙到上帝的光辉(这就是诗人的伟大的心的光辉),使我们发生悲悯,发生同情。"[109] 他赞叹莎士比亚无与伦比的创造力,"以风起泉涌般的自然的力量,他创造了半千数的不同的生动的性格,有血有肉,形态万千"[110]。宗白华认为,莎士比亚的悲剧,刻画生动,对世界洞见深刻,而又充满同情和智慧。他说:"莎氏剧中的主要情节是从人物性格与行动中自然地发展来的。所以那样真挚,亲切,自然。从这真切的自然中生出风韵,生出诗。诗人的智慧和广大的同情里流出泉水般的'黄金的幽默',像朵朵细花洒遍在沉痛动人的生命悲剧上。"[111]

宗白华始终向往高洁清朗、自由俊逸的人格。在壮烈激扬的抗战中,宗白华感受到的是中华民族伟大的爱国热情和英雄般的民族精神,他希望这种民族精神能激起大众人格的高扬和解放。他撰写《论〈世说新语〉与晋人的美》,一则是希望对魏晋历史给予新的评论,二则是希冀以晋人之美为民族精神增添新的光辉。宗白华为魏晋高呼:"汉末魏晋六朝是中国政治上最混乱、社会上最苦痛的时代,然而却是精神史上极自由、极解放,最富于智慧、最浓于热情的一个时代。因此,也就是最富有艺术精神的一个时代。"[112] 宗白华从八个方面来阐述晋人的美的精神。一、"魏晋人生活上、人格上的自然主义和个性主义,解脱了汉代儒教统治下的礼法束缚,在政治上先已表现于曹操那种超道德观念的用人标准。一般知识分子多半超脱礼法观点直接欣赏人格个性之美,尊重个性价值。"[113] 二、晋人发现了自然山水之美,陶冶了自身的艺术心灵。"晋人以虚灵的胸襟、玄学的意味体会自然,乃能表里澄澈,一片空明,建立最高的晶莹的美的意境!"[114] 三、"晋人艺术境界造诣的高,不仅是基于他们的意趣超越,深入玄境,尊重个性,生机活泼,更主要的还是他们的'一往情深'!"[115] 四、魏晋时代人的精神是最解放的、最自由的,因此也是最哲学的。"这种精神上的真自由、真解放,才能把我们的胸襟像一朵花似地展开,接受宇宙和人生的全景,了解它的意义,体会它的深沉的境地。近代哲学上所谓'生命情调'、'宇宙意识',遂在晋人这超脱的胸襟里萌芽起来。"[116]五、"晋人的'人格的唯美主义'和友谊的重视,培养成为一种高级社交文化,如'竹林之游,兰亭禊集'等。玄理的辩论和人物的品藻是这社交的主要内容。因此谈吐措词的隽妙,空前绝后。"[117]六、"晋人之美,美在神韵。""神韵可说是'事外有远致',不沾滞于物的自由精神(目送归鸿,手挥五弦)。这是一种心灵的美,或哲学的美,这种事外有远致的力量,扩而大之可以使人超然于死生祸福之外,发挥出一种镇定的大无畏的精神来。"[118]七、"晋人的美学是'人物的品藻'","他们的艺术的理想和美的条件是一味绝俗",[119]崇尚"唯美的人生态度"。"唯美的人生态度"一方面表现在"把玩'现在',在刹那的现量的生活里求极量的丰富和充实,不为着将来或过去而放弃现在的价值的体味和创造",另一方面表现在"美的价值是寄于过程的本身,不在于外在的目的,所谓'无所为而为'的态度"[120]。八、晋人的道德观和礼法观。"魏晋人以狂狷来反抗这乡愿的社会,反抗这桎梏性灵的礼教和士大夫阶层的庸俗,向自己的真性情、真血性里掘发人生的真意义、真道德。他们不惜拿自己的生命、地位、名誉来冒犯统治阶级的奸雄假借礼教以维持权位的恶势力。"[121]"晋人既从性情的直率和胸襟的宽仁建立他的新生命,摆脱礼法的空虚和顽固,他们的道德教育遂以人格的感化为主。"[122]《论〈世说新语〉和晋人的美》是"我国第一篇从美学的角度研究《世说新语》的力作"。[123]宗白华还撰写了《清谈与析理》,对魏晋名士"在清谈辩难中,显出他们活泼飞跃的析理的兴趣和思辨的精神"的"共谈析理"的风姿予以论析。

宗白华一生爱哲、爱诗、爱美,个性洒脱而深情,特别能够感受魏晋名士的人格风姿与生命精神。同时,宗白华"通过对中西艺术的生命情调、中国艺术境界的生命情韵的深刻颖悟,独到地揭示了艺术、生命、宇宙之间的美的通道，他的艺术式人生就是生命的艺术化、宇宙的诗情化"[124]。宗白华的一生，可以说亦如魏晋名士般，迁想玄妙，诗性旷逸。

注释：

〔1〕宗白华、田汉、郭沫若：《三叶集》，安徽教育出版社 2006 年版，第 107 页。

〔2〕〔4〕〔5〕〔6〕〔7〕〔8〕〔9〕〔10〕〔11〕〔21〕〔24〕〔25〕〔30〕〔35〕〔36〕〔37〕〔39〕〔40〕〔41〕〔42〕〔52〕〔59〕〔60〕〔123〕邹士方：《宗白华评传》，西苑出版社 2013 年版，第 111 页；第 113 页；第 118 页；第 118 页；第 114 页；第 115 页；第 115 页；第 115 页；第 152 页；第 164 页；第 170 页；第 127 页；第 127 页；第 177 页；第 177 页；第 179 页；第 181 页；第 182 页；第 183 页；第 187 页；第 189 页；第 194 页；第 193 页；第 253 页。

〔3〕《少年中国》第 2 卷第 4 期，1920 年 10 月 15 日。

〔12〕〔14〕〔15〕〔16〕〔17〕〔18〕宗白华：《歌德之人生启示》，载金雅主编、王德胜选编《中国现代美学名家文丛·宗白华卷》，浙江大学出版社 2009 年版，第 35 页；第 36 页；第 39 页；第 39 页；第 41 页；第 42 页。

〔13〕宗白华：《我和诗》，载金雅主编、欧阳文风等选鉴《宗白华哲诗人生论美学文萃》，中国文联出版社 2017 年版，第 219 页。

〔19〕〔20〕宗白华：《歌德的〈少年维特之烦恼〉》，载金雅主编、王德胜选编《中国现代美学名家文丛·宗白华卷》，浙江大学出版社 2009 年版，第 53 页；第 53 页。

〔22〕宗白华：《〈歌德之认识〉附言》，载《宗白华全集·2》，安徽教育出版社 2008 年版，第 37 页。

〔23〕宗白华：《〈歌德评传〉序》，载《宗白华全集·2》，安徽教育出版社 2008 年版，第 42 页。

〔26〕〔27〕〔28〕宗白华：《徐悲鸿与中国绘画》，载金雅主编、王德胜选编《中国现代美学名家文丛·宗白华卷》，浙江大学出版社 2009 年版，第 298 页；第 298 页；第 298 页。

〔29〕〔31〕陈明远：《宗白华谈田汉》，《新文学史料》1983 年第 4 期。

〔32〕〔33〕宗白华：《欢欣的回忆和祝贺》，载《宗白华全集·2》，安徽教育出版社

2008 年版,第 295 页;第 295 页。

〔34〕宗白华:《柏溪夏晚归棹》,载《流云小诗》,安徽教育出版社 2006 年版,第 110 页。

〔38〕袁鸿寿:《追念宗白华先生》,《人民政协报》1987 年 2 月 10 日。

〔43〕〔44〕宗白华:《读画感记——览周方白、陈之佛两先生近作》,载《宗白华全集·2》,安徽教育出版社 2008 年版,第 299 页;第 299 页。

〔45〕宗白华:《凤凰山读画记》,载金雅主编、王德胜选编《中国现代美学名家文丛·宗白华卷》,浙江大学出版社 2009 年版,第 302 页。

〔46〕〔47〕宗白华:《团山堡读画记》,载金雅主编、王德胜选编《中国现代美学名家文丛·宗白华卷》,浙江大学出版社 2009 年版,第 304 页;第 304 页。

〔48〕〔49〕〔51〕宗白华:《与宣夫谈画》,载金雅主编、王德胜选编《中国现代美学名家文丛·宗白华卷》,浙江大学出版社 2009 年版,第 307 页;第 307 页;第 308 页。

〔50〕(宋)辛弃疾:《贺新郎·甚矣吾衰矣》,载《稼轩词编年笺注·下》,上海古籍出版社 2018 年版,第 566 页。

〔53〕〔54〕宗白华:《〈晋顾恺之《画云台山记》之研究〉编辑后语》,载《宗白华全集·2》,安徽教育出版社 2008 年版,第 285 页;第 285 页。

〔55〕宗白华:《〈中国古代山水画史〉编辑后记》,载《宗白华全集·2》,安徽教育出版社 2008 年版,第 319 页。

〔56〕〔57〕〔58〕宗白华:《〈学灯〉擎起时代的火炬》,载《宗白华全集·2》,安徽教育出版社 2008 年版,第 169 页;第 169 页;第 170 页。

〔61〕宗白华:《〈当代法国大诗人保儿·福尔〉编辑后语》,载《宗白华全集·2》,安徽教育出版社 2008 年版,第 199 页。

〔62〕宗白华:《〈从国史上所得的民族宝训(续)〉等编辑后语》,载《宗白华全集·2》,安徽教育出版社 2008 年版,第 211 页。

〔63〕宗白华:《〈谈朗诵诗〉等编辑后语》,载《宗白华全集·2》,安徽教育出版社 2008 年版,第 212 页。

〔64〕宗白华:《〈英法德美军歌选〉编辑后语》,载《宗白华全集·2》,安徽教育出版社 2008 年版,第 217 页。

〔65〕宗白华:《介绍两本关于中国画学的书并论中国的绘画》,载金雅主编、王

德胜选编《中国现代美学名家文丛·宗白华卷》，浙江大学出版社 2009 年版，第 273 页。

〔66〕〔67〕〔68〕宗白华：《论中西画法的渊源与基础》，载金雅主编、王德胜选编《中国现代美学名家文丛·宗白华卷》，浙江大学出版社 2009 年版，第 263 页；第 268 页；第 269 页。

〔69〕宗白华：《唐人诗歌中所表现的民族精神》，载金雅主编、王德胜选编《中国现代美学名家文丛·宗白华卷》，浙江大学出版社 2009 年版，第 321 页。

〔70〕宗白华：《莎士比亚的艺术》，载金雅主编、王德胜选编《中国现代美学名家文丛·宗白华卷》，浙江大学出版社 2009 年版，第 338 页。

〔71〕宗白华：《〈敦煌摹画记〉编者按语》，载《宗白华全集·2》，安徽教育出版社 2008 年版，第 399 页。

〔72〕〔73〕〔74〕〔75〕〔76〕宗白华：《略谈敦煌艺术的意义与价值》，载金雅主编、王德胜选编《中国现代美学名家文丛·宗白华卷》，浙江大学出版社 2009 年版，第 318 页；第 318 页；第 319 页；第 319 页；第 319 页。

〔77〕〔78〕宗白华：《略谈艺术的"价值结构"》，载金雅主编、王德胜选编《中国现代美学名家文丛·宗白华卷》，浙江大学出版社 2009 年版，第 145 页；第 145 页。

〔79〕〔80〕〔81〕宗白华：《技术与艺术——在复旦大学文史地学会上的演讲》，载金雅主编、王德胜选编《中国现代美学名家文丛·宗白华卷》，浙江大学出版社 2009 年版，第 141 页；第 143 页；第 144 页。

〔82〕宗白华：《中国艺术的写实精神——为第三次全国美展写》，载金雅主编、王德胜选编《中国现代美学名家文丛·宗白华卷》，浙江大学出版社 2009 年版，第 235 页。

〔83〕宗白华：《中国艺术三境界》，载金雅主编、王德胜选编《中国现代美学名家文丛·宗白华卷》，浙江大学出版社 2009 年版，第 228 页。

〔84〕〔85〕〔86〕〔87〕〔88〕〔89〕宗白华：《中国艺术意境之诞生》，载金雅主编、王德胜选编《中国现代美学名家文丛·宗白华卷》，浙江大学出版社 2009 年版，第 213 页；第 215 页；第 217 页；第 219 页；第 219 页；第 222 页。

〔90〕〔91〕〔92〕宗白华：《论文艺的空灵与充实》，载金雅主编、王德胜选编《中国现代美学名家文丛·宗白华卷》，浙江大学出版社 2009 年版，第 152 页；第

155 页;第 155 页。

〔93〕〔94〕宗白华:《艺术与中国社会》,载金雅主编、王德胜选编《中国现代美学名家文丛·宗白华卷》,浙江大学出版社 2009 年版,第 68 页;第 70 页。

〔95〕〔96〕〔97〕〔98〕宗白华:《略论文艺与象征》,载金雅主编、王德胜选编《中国现代美学名家文丛·宗白华卷》,浙江大学出版社 2009 年版,第 148 页;第 148 页;第 148 页;第 149 页。

〔99〕〔100〕〔101〕〔102〕〔103〕〔104〕〔105〕〔107〕宗白华:《悲剧幽默与人生》,载金雅主编、王德胜选编《中国现代美学名家文丛·宗白华卷》,浙江大学出版社 2009 年版,第 33 页;第 33 页;第 34 页;第 34 页;第 34 页;第 34 页;第 34 页;第 34 页。

〔106〕宗白华:《席勒的人文思想》,载金雅主编、王德胜选编《中国现代美学名家文丛·宗白华卷》,浙江大学出版社 2009 年版,第 61 页。

〔108〕〔109〕〔110〕〔111〕宗白华:《我所爱莎士比亚的》,载金雅主编、王德胜选编《中国现代美学名家文丛·宗白华卷》,浙江大学出版社 2009 年版,第 339 页;第 339 页;第 339 页;第 340 页。

〔112〕〔113〕〔114〕〔115〕〔116〕〔117〕〔118〕〔119〕〔120〕〔121〕〔122〕宗白华:《论〈世说新语〉和晋人的美》,载金雅主编、王德胜选编《中国现代美学名家文丛·宗白华卷》,浙江大学出版社 2009 年版,第 195 页;第 196 页;第 197 页;第 198 页;第 200 页;第 201 页;第 201 页;第 203 页;第 204 页;第 205 页;第 206 页。

〔124〕金雅:《人生艺术化与当代生活》,商务印书馆 2013 年版,第 214 页。

学灯莹晖

第四章 散步风范

诗和春都是美的化身，一是艺术的美，一是自然的美。 我们都是从目观耳听的世界里寻得她的踪迹。

——宗白华：《美从何处寻》，载金雅主编、欧阳文风等选鉴《宗白华哲诗人生论美学文萃》，中国文联出版社 2017 年版，第 232 页。

古希腊哲学家亚里士多德经常和弟子们一起，在自己建立的吕克昂学园的花园步道散步论学，在散步中屡获灵感，后人将亚里士多德为代表的学派，称作"散步学派"。宗白华说："散步是自由自在、无拘无束的行动，它的弱点是没有计划，没有系统，看重逻辑统一性的人会轻视它，讨厌它，但是西方建立逻辑学的大师亚里士多德的学派却唤作'散步学派'，可见散步和逻辑并不是绝对不相容的。"[1] 散步，意在自然畅意，不必时时那么匆忙，不必刻刻为目的所扰。美的散步，是心灵的散步，是心灵的哲韵诗情。

第一节 新的曙光

今天我们更用不着独立苍茫的感慨，我们已经参加进世界进步的人民的行列里，为创造更光明的人类前途而工作了！

——宗白华：《从一首诗想起》，载《宗白华全集·3》，安徽教育出版社 2008 年版，第 3 页。

历经苦难的中华民族，在亿万万中国人民持之以恒的坚守和奋战下，终于重新迎来了新的历史时期。1946 年，宗白华随中央大学第一批返校师生，重回南京。他也终于在时代的迷雾中，看到了透出朝日曙光的前路。

一、黎明前的坚守

1945 年 8 月 15 日，日本投降，历时十四年的抗日战争终于结束。1946 年 5 月，重庆中央大学第一批师生开始返回南京，宗白华随队返回南京。1946 年 11 月 1 日，迁回南京的"国立中央大学"开学上课，宗白华继续在中央大学任职。1948 年 4 月开始，宗白华同时在南京音乐学院兼课。

宗白华回到南京家中，发现自己的许多古籍、字画，还有原版德文书籍等，都荡然无存，令他痛心不已。宗白华来到自家院中，这里还有一件他一直心心念念的宝贝。原来当年离开南京时，宗白华恐怕心爱的佛头遗失，于是将它谨慎地埋在家中院子里的一个角落。庆幸的是，历时九年，它依然安详沉睡在地下。宗白华将它挖出来，这尊肃穆的古佛头，终于得以重见天日。这件事引起了不小的轰动，当时《南京朝报》、《中央日报》等都报道了这一消息，还有报纸报道消息时，配发了宗白华在劫后家中与案头上的佛头合影的照片。这则新闻在南京文化界流传开来，大家给了宗白华一个新称号：佛头宗。

1946 年回到南京后，宗白华反思战争给人类和世界带来的苦难，反思中华民族源远流长的文化精神应该何去何从，反思西方文明为何会走向暴虐失范。他质疑、纠结、痛苦。中华文明和西方文明本应珠璧交辉、相得益彰，为何操戈对立、自相鱼肉？宗白华撰写了《中国文化的美丽精神往那里去？》，指出东西古代哲人，都曾仰观俯察探求宇宙的秘密，形成了各自文明的不同特点："希腊及西洋近代哲人倾向于拿逻辑的推理、数学的演绎、物理学的考察去把握宇宙间质力推移的规律，一方面满足我们理知了解的需要，一方面导引西洋人，去控制物力，发明机械，利用厚生。西洋思想最后所获着的是科学权力的秘密"；"中国古代哲人是'本能地找到了宇宙旋律的秘密'。而把这获得的至宝，渗透进我们的现实生活，使我们生活表现礼与乐里，创造社会的秩序与和谐。我们又把这旋律装饰到我们日用器皿上，使形下之器启示着形上之道（即生命的旋律）。"[2] 同时，宗白华也敏锐地觉察了中西文明的不同发展困境，他不由得发出诘问："中国精神应该往哪里去？""西洋精神又要往哪里去？"[3] 宗白华对中西文明的清醒剖析令我们惊悟和深省。这两个问题，即便在 21 世纪的当下，也是极具张力和意义的。

中国民族很早发现了宇宙旋律及生命节奏的秘密，以和平的音乐的心境爱护现实，美化现实，因而轻视了科学工艺征服自然的权力。这使我们不能解救贫弱的地位，在生存竞争剧烈的时代，受人侵略，受人欺侮，文化的美丽精神也不能长保了，灵魂里粗野了，卑鄙了，怯懦了，我们也现实得不近情理了。我们丧尽了生活里旋律的美（盲动而无秩序）、音乐的境界（人与人之间充满了猜忌、斗争）。一个最尊重乐教、最了解音乐价值的民族没有了音乐。这就是说没有了国魂，没有了构成生命意义、文化意义的高等价值。中国精神应该往哪里去？

近代西洋人把握科学权力的秘密（最近如原子能的秘密），征服了自然，征服了科学落后的民族，但不肯体会人类全体共同生活的旋律美，不肯"参天地，赞化育"，提携全世界的生命，演奏壮丽的交响乐，感谢造化宣示给我们的创化机密,而以厮杀之声暴露人性的丑恶,西洋精神又要往哪里去? 哪里去? 这都是引起我们惆怅、深思的问题。[4]

宗白华的赤子之心,从少年到中年,一如既往,依旧深沉宏阔,国家的命运、民族的前途、世界的和谐、人类的进步,成为宗白华内心无法抛却的忖想与牵挂。内心挚诚的质疑与冲突,掘发出灵魂的厚度与深度。

1948 年 8 月,宗白华将自己过去三十年来撰写的重要文章结集为《艺境》。"艺境"的集名,受启发于张璪,据传唐人张璪曾有《绘境》一文,言画之要诀。宗白华说:"我也想冒昧地题名叫做《艺境》,表示我对他的追怀和仰慕。"[5]但《艺境》当时并未马上出版,直到 1987 年由北京大学出版社正式出版。

1949 年 1 月,国民党败局已定,中央大学校长周鸿经奉命迁校台湾。当时的中大师生普遍对国民党丧失信心,多数教授仍然决定留在南京。4 月 1 日,南京爆发反对国民党政府的学生游行。学生们群情激昂,强烈反对迁校台湾,并武装保卫学校,但遭到了国民党军警暴力镇压,中大两名学生牺牲。宗白华虽然无心政事,但心里很是担心学生安危,他走上街头演说,呼吁学生不要盲目冲动,保重自身安全。在接下来的护校运动中,宗白华、胡小石和中央大学其他一些教授留在学校,成立了留校教师委员会保卫学校,胡小石任主委。当时也有反对者,威逼恐吓,宗白华从不畏惧,与留校教师在一起守护学校。有天晚上,胡小石收到了一封匿名寄来的恐吓信,信中夹着一枚子弹,宗白华知道后,每次去学校开校务会议时,都会先去胡小石家中约他共同前往。这种风雨同舟的关怀和相伴,体现了宗白华磊落清朗的人格,让人肃然起敬。1949 年 4 月 23 日,南京解放。8月 8 日,国立中央大学改名国立南京大学。

二、从玄武湖到未名湖

1949 年南京解放后,国民党败退台湾,一批知识分子随迁往台。

宗白华的朋友中有一些去了台湾、香港，也有一些留在大陆，其中就有郭沫若、田汉、徐悲鸿。1949 年 7 月，郭沫若当选中华全国文学艺术界联合会（1953 年更名为中国文学艺术界联合会）主席；田汉当选中华全国戏剧工作者协会（1953 年更名为中国戏剧家协会）主席；徐悲鸿当选为中华全国美术工作者协会（1953 年更名为中国美术家协会）主席。宗白华依然留在南京大学哲学系担任教授。

宗白华与新中国一起，迎来了生机勃勃的新面貌，令他心情澎湃。1951 年 7 月 1 日，宗白华发表《从一首诗想起》，他想起"五四"时期的少年中国学会和当时年轻人的热血理想，感慨道："在三十年前的五四运动时代，我们凭着小资产阶级知识分子的满腔热血和满脑子幻想，希望创造一个新的中国，新的文化；而中国共产党却用马列主义的哲学跟中国民族的具体情况结合起来。由于正确的领导，壮烈的牺牲，三十年的奋斗实践，把五千年腐朽的封建的中国彻底改造成为一个强大的独立的自由的新中国了。我们生活在这个空前伟大的史诗的边缘上，没有能够实际参加，这是何等惭愧的事！"[6]宗白华也想起了自己曾经写过的小诗《问祖国》。在诗中，他曾向满目疮痍的祖国痛苦地发出疑问："你这样灿烂明丽的河山，怎蒙了漫天无际的黑雾？你这样聪慧多才的民族，怎堕入长梦不醒的迷途？你沉雾几时消？你长梦几时瘳？"[7]抚今忆昔，宗白华不由慨叹："那首诗现在可以在愉快欢呼的情绪中把它取消掉了。"[8]宗白华为祖国的浴火重生欢欣，渴望中国与世界共生和谐。他发自肺腑道："三十年后的今日，中国共产党领导成功的中国革命，把那漫天无际的黑雾吹得干干净净，伟大祖国的河山格外灿烂明丽了！马列主义的哲学唤醒了迷途的长梦，使中国民族真能发展他的聪慧才能，贡献于全世界的人民了！"[9]

1952 年 6 月至 9 月，新中国进行了全国高等学校的一次大规模院系调整。这次调整，将民国时期效仿英美模式构建的高校体系，改革为苏联模式。结果是使工科类专门学院有了相当可观的发展，推动了新中国的工科人才培养和工业化建设。但对人文社会学科的发展，却带来了一定的伤害。人文学科在民国期间取得了颇有成效的发展，涌现出一批有影响力和水准的著名学者，有些具有世界性影响。这次调整，全国各地高校所设立的哲学系，均被并入北京大学哲学系，其中包括了南京大学哲学系。调整后的南京大学保留文、理学院主体，与金陵大学文、理学院合并，在此基础上组建新的学校，校名不变，也就是如今的南京大学。宗白华随着院系调整，告别南京，来到了北京大学。1952年，北京大学汇集了全国各地大学哲学系的教师，北京大学、清华大学、燕京大学、辅仁大学、武汉大学、南京大学、中山大学等高校的名师都齐聚燕园，包括汤用彤、冯友兰、张岱年、邓以蛰、朱光潜等哲学美学大师，一时间可谓群贤毕至、众星云集。

宗白华到北大后，与邓以蛰、马采两位美学大师一起搬到未名湖边，他先是住在健斋的单身公寓，1960年夫人由宁到京后，搬到朗润园。这些美学大师们常常在北大的亭台楼阁、碧波水榭边畅谈。但当时他们的主要任务是"思想改造"，无法正常走上讲台。宗白华先在外国哲学史教研室工作，后被调到中国哲学史教研室。由于当时美学课程已经被取消，加上意识形态的影响，宗白华相关的授课及著书等工作也一度停止。宗白华从1946年就开始撰写的《西洋哲学史》，此时也搁置下来。但宗白华德语一向很好，对马克思主义哲学也一直有兴趣，于是被安排到中国人民大学讲授《共产党宣言》，编写《〈共产党宣言〉实习课程提纲》。这一阶段，他还编写了《近代思想史提纲》和《中国近代思想史纲要》，以散步的心态一路赏花拾珍。

第二节　拈花微笑

这是艺术心灵所能达到的最高境界！由能空、能舍，而后能深、能实，然后宇宙生命中一切理一切事无不把它的最深意义灿然呈露于前。

——宗白华：《论文艺的空灵与充实》，载金雅主编、王德胜选编《中国现代美学名家文丛·宗白华卷》，浙江大学出版社 2009 年版，第 155 页。

西风几时来，流年暗中换。时间的齿轮，向前转动，宗白华的身上，也日渐褪去青涩。面对时代变迁，他更加从容淡定，拈花微笑。他的人生路程，不滞于心，不困于物。在这片哲诗怡境中，宗白华舒解心神，诗意飘洒，细味人生。

一、赏味北京

虽然来到北京后，宗白华的美学研究被迫暂停，但他仍然保持着平和轻松的心态，用散步的态度发现、体验生活中的美好。

宗白华与老友徐悲鸿，故交重逢，互诉衷肠。1953 年 9 月 26 日，徐悲鸿逝世，宗白华万分悲痛心。12 月，《徐悲鸿遗作展览》举办，宗白华到场参观，见到了受周总理邀请来京的佛学大师马一浮。宗白华少年时曾去杭州拜访过马一浮，两人在二十余年后重逢，言谈甚欢。宗白华每次进北京城，都会住在四弟宗之发家，田汉夫妇多次去宗之发家看望宗白华，三人经常一同去看戏。

在南京时宗白华就喜欢收藏文物，经常去夫子庙的古玩市场闲逛。来到北京后，他也经常去古玩市场"淘宝"。在宣武门的古董店，他陆陆续续购买了沈周花鸟、吴梅村山水、朱昂之青绿山水、王小梅人物等物美价廉的字画古董，可见宗白华当年之雅兴。

宗白华非常喜欢北京的历史古迹，喜欢去逛颐和园、故宫、北海等名胜。他也经常去参加各种艺术展览，他经常带着一个草帽、挂着一根拐杖、背着一个布挎包，里面装着食物，一个人进城去看展览、戏剧，听音乐会，很是自在。有时看入了迷，错过了晚上回家的班车，他就随性步行回家。

颐和园是宗白华经常去逛的地方。这座始建于清乾隆帝十五年

（1750）的皇家园林，既具恢弘富丽气势，又充满自然之趣，高度体现了"虽由人作，宛自天开"的造园准则。颐和园亭台、长廊、殿堂、庙宇和小桥等人工景观，与自然山峦、开阔湖面既和谐又艺术地融为一体，构思巧妙，是中国园林建筑艺术的杰作。宗白华一边游览园内景点，一边品鉴园内景色。谐趣园位于颐和园的东北角，小巧玲珑，在颐和园中自成一局，故有"园中之园"之称。宗白华品评谐趣园道："谐趣园这四周的回廊，它的中间，水殿呀，亭呀、阁呀，使我们体味到空间感的节奏变化，人行其中，从远及近观望欣赏，尤如蹈虚揖影。"[10]"蹈虚揖影"是清代画家方士庶在《天慵庵随笔》里提出的美学观点。宗白华解释道："他把山川草木，造化自然，称为实境，把因心造境，以乎运心，称为虚境。画家应当在他创造和表现的山苍树秀、水活石润的天地之外，重新构造一种灵奇的意境。这就是蹈虚揖影的精神，这种精神，正是中国绘画艺术的精粹，也是谐趣园所表现的中国园林艺术的精粹。"[11]宗白华也非常喜欢颐和园西堤上的景色，西堤是颐和园昆明湖中一道自西北逶迤向东南的长堤，景色随着四季而变换，美不胜收，引人入胜，宗白华评价西堤景色"自然可爱"[12]。有一年早春，昆明湖的冰面还未融化，宗白华来了兴致，踏上湖边冰面行走，不料冰面突然破碎，他一脚踩了下去，好在湖边的水面不深，宗白华无甚大碍，只是衣裤鞋袜都湿透了。宗白华不敢坐车回家，一路小跑回北大。宗白华每每回忆此事，并不懊恼，反觉十分有趣。

宗白华对中国传统园林建筑的审美品鉴，始终立足于民族美学情趣并深入探究其中的审美规律，从中亦可见出他对中国文化精神的挚爱。故宫也是宗白华喜欢去的地方，作为中国明清两代的皇家宫殿，它的艺术价值和美学价值在世界上都是无与伦比的。宗白华非常喜欢逛故宫的花园，尤其喜欢乾隆花园。他说："故宫珍宝馆宁寿宫花园，在养性殿的一组建筑西面，这里只有一百六十公尺长，但空间分割颇为丰富多采。它里面有一道走廊，除了两条镂空的栏杆之外，向西的一面的栏杆上，立了一木雕镂空的墙，透视后面一墙，墙上有一排漏窗及一铁门，穿过木雕空花及漏窗，铁花门，显示了层次感和深度感，流通贯串感，表现了丰富多采的空间感。空间感扩大了，加深了，节奏化了，这亦是一种无声的音乐。在狭窄的天井空间内，空间分割得变化多端，意境无穷。这种镂空之美，在我国工艺美术的创造中，有着很悠久的历史。它来自于两千多年前的战国和秦汉时期。所以说，中国园林，亦是雕镂之美。镂空之美，虚实结合，曲折画阑，玲珑楼阁，水馆风亭，花影透依窗处。影和透空，都表现镂空之美，都反映了以虚特点的中国园林之美。"[13]宗白华还喜欢去北海游览，北海里有一座风格独特、精巧别致的"园中之园"——静心斋，静心斋以叠石为主景，周围配以各种建筑，亭榭楼阁，小桥流水，叠石岩洞，幽雅宁静，布局巧妙，凝聚了我国北方园林艺术的精华。宗白华认为北海的静心斋呈现的是一种"镂空之美"。

散步，是宗白华日常言行及行为处事的态度。他总是容色温和，面带微笑，待人处事温雅端方，豁达舒朗。当时北京大学调整教授职称时，宗白华被评为三级教授，这显然与宗白华的学识不符。哲学系同仁们普遍认为宗白华应该评为二级教授，但因宗白华出自旧中央大学，领导不敢给他定二级。宗白华自己对此事全不在意，没有任何不满。他对待学生，从来不居高临下指教，而是互相平等讨论。学生若有求于他，他都会尽力帮助。他看学生的眼光，也从不片面武断，而是认为一个人的长处与劣处往往是紧密相关的。对每一个学生，他都一视同仁，倾自己所能。

从南京到北京，宗白华的这段人生路程，可谓坎坷，但对富有哲韵诗情的宗白华来说，它也是美好而诗意的。曲折的路旁，总有美丽的鲜花和散落的燕石，让他倾心品赏。

二、重返寻美路

1956年5月2日，毛泽东在国务会议上正式宣布"百花齐放、百家争鸣"的发展科学、繁荣文艺的指导方针。5月26日，按照党中央的要求，中央有关部门向科学和文艺界传达"双百方针"，指出文艺和科学工作，要具有独立思考和辩论的自由，具有创作和批评的自由，具有发表、坚持、保留自己意见的自由，提倡建立在科学基础上的学术论争。在此背景下，宗白华重回美学的教学与研究工作中。

1956年到1957年，宗白华研读中国古代绘画理论，留下了许多画论札记，被后人整理为《古代画论大意》。这些文字，是宗白华关于古代画论的思想散步，其中不乏洞见。如他谈到，艺术家"个性之培养，以学问道德为根基，而不把技术放在首要"[14]。又说，书画虽然同源，但画侧重传达"飞走迟速"的趣远之心，书更多表达"难形之闲和严静之心"。

20世纪五六十年代，新中国美学史上发生了一次前所未有的美学热潮，这次热潮带来了一场规模空前的美学大讨论，持续了将近九年，全国的美学学者纷纷参与，争鸣主要聚焦于美的本质问题。

1957年2月，北京《新建设》第2期发表了高尔泰的《论美》。高尔泰认为美与美感无法分割，美因人因事因时因地而不同，因此是主观的。《新建设》的编辑按语表示：对高尔泰观点的不认同，但遵照"双百"方针刊出此文。宗白华看到后，给予了回应。在当年第3期《新建设》上，宗白华发表《读〈论美〉后一些疑问》。针对高尔泰否定客观的美的观点，明确肯定了美的客观基础："当我们欣赏一个美的对象的时候，譬如我们说'这朵花是美的'，这话的涵义是肯定了这朵花具有美的特性和价值，和它具有红的颜色一样。这是对于一个客观事物的判断，并不是对于我的主观感觉或主观感情的判断。这判断表白了一个客观存在的事实。"[15]宗白华认为，只有先存在美的客观事实，在此基础上才有审美活动中的主体与客体，而高尔泰"文章里逻辑性是不够强的"[16]。高尔泰《论美》刊出后，批评的文章纷涌而至，批判他是"唯心主义"。但宗白华并没有将高尔泰划入"唯心"阵营，给他扣帽子，而是就理论问题平等讨论商榷。

在这场美学大讨论中,宗白华还发表了《美从何处寻》(《新建设》1957 年第 6 期)一文。文中强调:"心不是'在'自己的心的过程里,感觉、情绪、思维里找到美,而只是'通过'感觉、情绪、思维找到美","美对于你的心,你的'美感',是客观的对象和存在。"[17]但宗白华认为美感发生,也需"要在主观心理方面具有条件和准备的。我们的感情是要经过一番洗涤,克服了小己的私欲和利害计较"[18]。他强调心的陶冶、修养和锻炼,认为深入的生活是深度美感的前提。他说:"伯牙由于在孤寂中受到大自然强烈的震撼,生活上的异常遭遇,整个心境受了洗涤和改造,才达到艺术的最深体会,把握到音乐的创造性的旋律,完成他的美的感受和创造。"[19]因此,"移我情"和"美的形象"是在生活中互为"涌现"的,"专在心内搜寻是达不到美的踪迹的。美的踪迹要到自然、人生、社会的具体形象里去找"[20]。

宗白华没有过多参与这场美学大讨论,但他在美学上的研究工作重新开始了。1956 年,宗白华开始翻译西方经典美学著作,到1958 年,他先后翻译了柏立克的《海涅的生活与创作》、菲·巴生格的《黑格尔的美学与普遍人性》、温克尔曼的三篇美学论文《论希腊雕刻》、《赫尔苦勒斯残雕》、《柏维德尔宫的阿波罗雕像》以及康德的《判断力批判》上卷的第一部分"美的分析论"。他还发表了《荷马史诗中突罗亚城的发现者希里曼对中国长城的惊赞》(《文汇报》1957 年 5月 17 日—18 日)以及美学散文《论〈游春图〉》(《人民画报》1958 年第3 期)两篇文章。《荷马史诗中突罗亚城的发现者希里曼对中国长城的惊赞》中,宗白华感慨:"我看中国最伟大的美术,最壮丽的美,莫过于长城","我们要拿长城的壮美作为我们的美的标准。"[21]《游春图》是隋朝画家展子虔的作品,绢本、青绿设色,描绘了一派明媚的春光气息和游人踏青郊游、纵情山水的神态情景。《游春图》在早期山水画中极具代表性,开唐代金碧山水之先河,不仅是展子虔传世的唯一作品,也是中国迄今为止存世最古的画卷。宗白华在《论〈游春图〉》文中,用中西对比的方式进行赏析:"如果我们把隋唐的丰富多彩、雄健有力的艺术和文化比作中国文化史上的浓春季节,那么,展子虔的这幅《游春图》,便是隋唐艺术发展里的第一声鸟鸣,带来了整个的春天气息和明媚动人的景态。这'春'支配了唐代艺术的基本调子。如果我们把唐代艺术文化比拟欧洲 16 世纪的文艺复兴,那么,展子虔这幅《游春图》就相当于 15 世纪意大利画家菩提彻利(Botticelli)的《春》和《爱神的诞生》。在意境内容和笔法风格上,两春都可做有趣的比较。展子虔这幅画里的'春漪吹粼动轻澜'(原画后冯子振题诗)可以和《爱神的诞生》里两个风神在空际吹着春风,水上连漪粼粼的景态相通。《游春图》里的'桃蹊李径葩未残'(冯题句)也可以和《春》里的满地落英缤纷相对映。展子虔用笔尚未脱尽六朝以来山水画的稚拙纤细的风味,菩提彻利也一样。正是这种稚拙令人玩味不尽,给予后人深刻的感受。但展画和菩画也有不同处,这就是后者仍以人物(裸体女神)占主要地位,而前者已以一望无边咫尺千里的开阔山水为主要对象了。中国山水画在六朝已经萌芽,《游春图》正是我国保存下来的第一幅完整优美的山水画,它在我国艺术史上具有极大的价值。"[22]

　　1958 年,北京大学哲学系成立美学教研小组,成员有宗白华、朱光潜、邓以蛰、马采、杨辛等,小组开设了一系列美学课程,宗白华主讲康德美学。马采回忆他与宗白华的来往说:"我和宗先生是在 1952 年院系调整到北大后初次见面的,当然闻名已久。他给我印象最深的是待人诚恳、热情、豁达、坦率,肯帮助人。1958 年北大开设美学专题课,我和宗先生同一小组(同组还有朱光潜、邓以蛰两位先生)。宗先生主讲《康德美学》。宗先生和邓以蛰先生两位都是我国最早专门研究美学的学者,一个是诗人,一个是书法家,都具有丰富的古代艺术知识,试图应用西方美学原理阐述我国艺术传统,对我国艺术遗产的整理和发掘做出成绩。"[23] 1959 年,宗白华撰写了一系列介绍西方美学的文章:《美学史》、《文艺复兴的美学思想》、《德国唯理主义的美学》、《英国经验主义的心理分析的美学》等。这些精深透辟的文章,是我国西方美学史研究的重要文献。1960 年,北京大学哲学系成立美学教研室,宗白华与当时暂调到哲学系的朱光潜分别准备《中国美学史》与《西方美学史》课程,并开始主编《中国美学史》。同时应商务印书馆之邀,他开始翻译康德的《判断力批判》上卷。1960 年,宗白华在第 5 期《新建设》发表了自己撰写的《康德美学思想评述》。谈了自己对这位世界现代美学鼻祖的基本认识:"康德承认客观存在着'自在之物',但又说这'自在之物'是我们的认识能力所不能把握到的。康德哲学中有着明显的两重性,他在一定程度上表明他企图调和唯物主义和唯心主义。但是这种调和归根到底是想在唯心主义、即他所称的先验的唯心主义的基础上来进行的。在美学里表现得尤其显著。康德是 18 世纪末 19 世纪初的德国唯心主义哲学的奠基人,也是德国唯心主义美学体系的奠基人";"康德的美学又是他在和以前的唯理主义美学(继承着莱布尼茨、沃尔夫哲学系统的鲍姆加登)和英国经验主义的美学(以布尔克为代表)的争论中发展和建立起来的,所以是一个极其复杂矛盾的体系。"[24]

1962 年,全国各大高校纷纷开设美学课程,宗白华不仅为北大哲学系、中文系高年级学生开设"中国美学史专题讲座",而且也在中国人民大学开设"中国美学专题讲座"。在准备讲座的过程中,宗白华留下珍贵的思想笔记,有《中国美学史专题研究:〈诗经〉和中国古代诗说简论》、《中国美学思想专题研究笔记》。1964 年 1 月,他完成《判断力批判》上卷的翻译工作,由商务印书馆出版。

从 1952 年到 1956 年,在停滞五年后,宗白华的美学之路终于再次步上正轨,他一生在美学上的成就,为新中国美学学科的建设与发展作出了不可磨灭的贡献。

三、艺海回眸

沧海桑田,岁月变迁,在宗白华心中,真正随时光永恒的,那便是艺术了。在他的人生历程中,艺术是不可或缺的伴侣。在艺术的世界中，人从单调走向丰富，从浅薄走向深刻，从浮躁走向平和。

1959 年 7 月，宗白华在《新建设》发表《美学的散步》，主要讨论"诗（文学）和画的分界"，其中最精彩的，莫过于他的文中小言对"散步"的阐发：

> 散步是自由自在、无拘无束的行动，它的弱点是没有计划，没有系统。看重逻辑统一性的人会轻视它，讨厌它，但是西方建立逻辑学的大师亚里士多德的学派却唤做"散步学派"，可见散步和逻辑并不是绝对不相容的。中国古代一位影响不小的哲学家——庄子，他好像整天是在山野里散步，观看着鹏鸟、小虫、蝴蝶、游鱼，又在人间世里凝视一些奇形怪状的人：驼背、跛脚、四肢不全、心灵不正常的人，很像意大利文艺复兴时大天才达·芬奇在米兰街头散步时速写下来的一些"戏画"，现在竟成为"画院的奇葩"。庄子文章里所写的那些奇特人物大概就是后来唐、宋画家画罗汉时心目中的范本。
>
> 散步的时候可以偶尔在路旁折到一枝鲜花，也可以在路上拾起别人弃之不顾而自己感到兴趣的燕石。
>
> 无论鲜花或燕石，不必珍视，也不必丢掉，放在桌上可以做散步后的回念。[25]

这是宗白华首次用"散步"一词来阐明自己的美学态度，它是宗白华哲诗审美人格的概括与具象。"美学散步"，从此成为美学家宗白华的名片。"散步后的回念"，是宗白华对美的意犹未尽，对美的回味无穷，对美的霞思云想。"美学散步"，是宗白华借艺术文字而书写的理论晶华。

1961 年 8 月 19 日，《光明日报》记者詹铭信发表了一篇记录汤用彤、宗白华两人的对谈——《漫话中国美学》。文中，宗白华首先指出中国古代艺术理论中包含着精深的美学观点。他说:"中国古代的文论、画论、乐论里,有丰富的美学思想的资料,一些文人笔记和艺人的心得,虽则片言只语,也偶然可以发现精深的美学见解。"[26]接着,宗白华对比中西美学思想,指出中西美学虽各有侧重点,但都与艺术密切关联:"在西方,美学是大哲学家思想体系中的一部分,属于哲学史的内容。但是亚里士多德的《诗学》,和希腊戏剧分不开,柏拉图的哲学思想也和希腊的史诗、雕塑艺术有密切关系。近来有人对此作了详细的考察,倒可算是一个新发现。要了解西方美学的特点,也必须从西方艺术背景着眼,但大部分仍是哲学家的美学。在中国,美学思想却更是总结了艺术实践,回过来又影响着艺术的发展。南齐谢赫的《六法》,总结了中国绘画艺术的经验。在他以前,中国绘画已达到很高的水平,六法中间的一法:'气韵生动',正是东周战国艺术的特征。音乐方面,《礼记》里公孙尼子的《乐记》,是一个较为完整的体系,对历史的音乐思想,具有支配的作用。还有受老庄思想影响的嵇康,他的《声无哀乐论》,其中也有精深的美学见解,他认为音乐反映着大自然里的客观规律——'道',不是主观情感的发泄,这是极有价值的见解,可同近代西方音乐美学的争论相互印证。"[27]宗白华非常关注对中国艺术理论、美学思想的挖掘,他尤其善于从中西对比的角度阐释中国艺术的美学精神。他强调,研究中国美学史,不只要从文论、诗论、画论中寻找资料,也要深入到具体的艺术中。他精辟地指出:"研究中国美学史的人应当打破过去的一些成见,而从中国极为丰富的艺术成就和艺人的艺术思想里,去考察中国美学思想的特点。这不仅是为了理解我们自己的文学艺术遗产,同时也将对世界的美学探讨作出贡献。"[28]

1961年到1963年,宗白华发表了一系列与中国美学相关的文章,这些文章关涉到多种艺术门类的审美形态和审美特征。我们不妨跟随宗白华的足迹,来"散步"艺海吧!

1961年第1期《文学评论》,宗白华发表《关于山水诗画的点滴感想》，指出人类所接触的山水自然，打下了人的烙印，是人加工创造的结果，因此喜爱山水自然也就是喜爱人类自己的成就。他说："自有人类历史以来，这山水就和人类血肉相连，人类世世代代的情感、思想、希望和劳动都在这山水里刻下了深刻的烙印。中国的山水已具有着中国人民的精神面貌，假使有人从海外归来，脚踏上我们的国土时，就会亲切地感受到中国山水的特殊意味和境界，而这些意味也早已反映在我国千余年来的山水诗画里。"[29]

1961年第5期《文艺报》，宗白华发表《中国艺术表现里的虚与实》，他根据对中国古代艺术理论和传统绘画、戏剧、书法等艺术的考察，论释中国艺术表现里的虚实相生、虚实合一的艺术特色，称赞"中国传统的艺术很早就突破了自然主义和形式主义的片面性，创造了民族的独特的现实主义的表达形式，是真和美、内容和形式高度地统一起来"[30]。认为中国绘画、戏剧、书法等艺术的共同特征是："它们里面都贯穿着舞蹈精神（也就是音乐精神），由舞蹈动作显示虚灵的空间"；"中国艺术上这种善于运用舞蹈形式，辩证地结合着虚与实，这种独特的创造手法也贯穿在各种艺术里面。大而至于建筑，小而至于印章，都是运用虚实相生的审美原则来处理，而表现出飞舞生动的气韵。"[31]宗白华这篇文章的美学观点，可以说是延续了他之前《论中西画法的渊源与基础》、《中国艺术意境之诞生》、《中国诗画中所表现的空间意识》等重要美学论文中的思想精华，显现出他一贯坚持的美学观点和思想。

1961年，宗白华参加了一个戏曲座谈会并发表讲话，当时的发言稿后时隔二十多年，于1985年10月16日在《北京大学校刊》上刊出，题为《中西戏剧比较及其他》。文中宗白华提出，中国戏曲的特点是以表演为主，戏曲景与情凭借演员来表演，重在感动观众；而西方戏剧的特点是注重布景，先有布景，后有人物，重在思想表达。接着宗白华用"动"来概括中西戏剧的差异，"西洋舞台上的动，局限于固定的空间。中国戏曲的空间随动产生，随动发展"[32]。宗白华指出，中国戏曲的舞台布景不能太实，就如同中国传统绘画一样，要虚实结合。宗白华讨论戏剧的文章并不多见，但他对戏剧的思考与见解，尤其是秉持中西比较的研究方法，对中西戏剧的审美特征作出了精要的论断。

1961 年 11 月，《光明日报》编辑部召开了两次关于"艺术形式美"的座谈会，邀请了北京的一些美学学者、美术工作者参与，并将两次座谈会的发言整理为《为什么要研究艺术形式美》和《漫谈艺术的形式美》两篇发言摘要，分别在 1962 年 1 月 8 日、9 日的《光明日报》刊出。宗白华在座谈会中提出艺术形式的作用："我认为每一个艺术家必须创造自己独特的形式，而事实也是如此，十个艺术家去表现同一个题材，每个人表现的形式一定不同。要使内容更加集中、深化、提高，需要创造形式。"[33] 他强调在艺术创作中要有形式的创造，所谓艺术形象就是内容和形式。同时，宗白华注重艺术形式的创新性，他说："形式美没有固定的格式，这是一种创造。同一题材可以出现不同的作品，以形式给题材新的意义，又表现了作者人格个性。那怕是旧题材。"[34] 在宗白华看来，形式是艺术创作中非常关键的因素，形式与内容的完美结合才能成就无穷的艺术魅力。他举《浮士德》的故事情节、王羲之的字，来说明艺术形式的重要性，感叹艺术里幽深无际的"'秘密'都是依靠形式美来表达的"[35]。

1961 年 12 月 28 日，中国音乐家协会请宗白华作了一篇关于音乐的报告，宗白华将报告内容整理成《中国古代的音乐寓言与音乐思想》，这是宗白华讨论音乐审美的一篇重要文章。他认为，音乐能表现人的精神意志、宇宙观念、哲学思想，从孔子论乐、荀子《乐论》到《礼记·乐记》，"包含着中国古代极为重要的宇宙观念、政教思想和艺术见解。就像我们研究西洋哲学必须理解数学、几何学那样，研究中国古代哲学也要理解中国音乐思想"[36]。他指出："庄子爱好音乐，并且是弥漫着浪漫精神的音乐，这是战国时代楚文化的优秀传统，也是以后中国音乐文化里高度艺术性的源泉。"[37] 宗白华说："我们在感受音乐艺术中也会使我们的情感移易,受到改造,受到净化、深化和提高的作用","音乐使我们心中幻现出自然的形象,因而丰富了音乐感受的内容。"[38]

1962年第1期《哲学研究》刊发了宗白华的《中国书法里的美学思想》,此文是宗白华对中国书法艺术予以系统研讨的长文。他提出书法与音乐具有某种程度的相通。在《中国古代的音乐寓言与音乐思想》的小注中,他曾说:"书法里的形式美的范畴主要是从空间形象概括的,音乐美的范畴主要是从时间形象概括的,却可以相通。"[39]在《中国书法里的美学思想》中,宗白华深入阐发了这个观点:"中国古代的书家要想使'字'也表现生命,成为反映生命的艺术,就须用他所具有的方法和工具在字里表现出一个生命体的骨、筋、肉、血的感觉来。但在这里不是完全像绘画,直接模示客观形体,而是通过较抽象的点、线、笔画,使我们从情感和想象里体会到客体形象里的骨、筋、肉、血,就像音乐和建筑也能通过诉之于我们情感及身体直感的形象来启示人类的生活内容和意义。"[40]宗白华非常重视书法在中国艺术史上的地位,一方面他认为中国书法与中国绘画有密切的联系,要研究中国画,就不能不研究中国书法;另一方面宗白华认为书法可以代表中国艺术风格的发展。他说:"写西方美术史,往往拿西方各时代建筑风格的变迁做骨干来贯串,中国建筑风格的变迁不大,不能用来区别各时代绘画雕塑风格的变迁。而书法却自殷代以来,风格的变迁很显著,可以代替建筑在西方美术史上的地位,凭借它来窥探各个时代艺术风格的特征。"[41]以书法的风格变迁来观照中国美术史的发展,对比以建筑变迁为考察脉络的西方美术史,可以说是宗白华中西艺术比较立场下的一个新视野。此文也细致讨论了书法的用笔、结构和章法,显示了宗白华丰厚的学识和扎实的理论功底。

1963年2月5日《光明日报》刊发宗白华的《形与影——罗丹作品学习札记》。此文从明朝画家徐文长的"舍形而悦影"谈起,宗白华认为:"中国古代诗人、画家为了表达万物的动态,刻画真实的生命和气韵,就采取虚实结合的方法,通过'离形得似','不似而似'的表现手法来把握事物生命的本质";"离形得似的方法,正在于舍形而悦影。影子虽虚,恰能传神,表达出生命里微妙的、难以模拟的真。这里恰正是生命,是精神,是气韵,是动。"[42]谈到这里,宗白华结合自己 1920 年在巴黎参观罗丹博物馆雕塑的体会,谈到罗丹艺术创作的特点,正是重视阴影在塑形上的价值,是现实主义与浪漫主义相结合的艺术形象。

北大美学教授杨辛回忆宗白华说:"宗先生善于中西比较研究,他的特点是随心所欲,不像朱光潜先生那样规矩、严谨。他的'美学散步'形式灵活、自由,带诗人气质。有一次会上一个人问他:你的'美学散步'散了第一步,就没有第二步了吗? 宗先生回答:散步就可以这样,散了第一步,不散第二步!"[43]

1960 年到 1961 年,宗白华还研究了中国传统建筑艺术,留下的笔记后来整理为《建筑美学札记》。1965 年,郭沫若发起"兰亭考辩"。宗白华看到老友发起的讨论,他本来对《兰亭序》就颇有兴趣,因此致信郭沫若,针对其中一些问题表达自己的看法。

散步艺海,给宗白华带来了情感的共鸣、心灵的舒展,直到"文化大革命"爆发,他的艺海"散步"也一度中止。

四、领略中原风光

1962 年,中国人民大学邀请宗白华讲授中国古代美学的课程。宗白华学贯中西,语言优美,授课方式具有启发性和感染力。与其说他是位老师,不如说是位诗人。

有一位郑州大学中文系的老师耿恭让,在人大听过宗白华的美学课后,很有感悟,于是经常去北大宗白华家中访问,探讨美学。1964 年,耿恭让回到郑大后,对宗白华的美学课念念不忘,向学校建议邀请宗白华来郑州大学讲学。4 月初,耿恭让前往北京迎接宗白华前往郑州讲学。到了郑州,宗白华不愿意一个人独自住在高级宾馆里,他更愿意住在郑州大学稍显简陋的招待所,离学校很近,出去逛街散步也方便。宗白华在郑州大学讲学两周,每周讲两次,每次1至2小时,讲授中国古代绘画、诗歌、音乐、建筑审美以及中国古代艺术中所蕴含的哲学和宇宙思想。有一次,宗白华讲到《考工记》,请助教将原文写在黑板上,听讲的同学自行抄录笔记。《考工记》是中国现存年代最早的手工技艺文献。宗白华从古代工匠做钟架的例子,深入浅出地讲解了选材和造型的关系,分析其中蕴含的中国古代美学思想特征。

讲课空余,宗白华会去观看河南当地戏曲,感受中原别具一格的传统艺术。当时郑州大学请宗白华观看了河南省曲剧团的作品《风雪配》。《风雪配》讲述了高赞员外之女高秋芳与丑公子颜俊、顶替者钱青之间的故事。曲剧在演出中,采用节奏明快的调子为主,根据事件的发展曲折时而铿锵有力,时而绵延悠长,时而紧锣密鼓,使得故事更加曲折动人。宗白华看过后,极为喜爱,大力赞赏。

宗白华也经常会在郑大周围转转,游览当地的风土人情。有一天,之前中央大学的学生安敦礼去郑大招待所看望宗白华,两人十九年未见,乍见已认不出对方。但当安敦礼说出名字后,宗白华立马想起了这位学生。他兴致勃勃地提议与安敦礼去逛大街,但叮嘱千万别被学校知道,否则学校派部小车,车里一坐,什么景致也没有了。两人悄悄离开郑大招待所,尽兴逛街去了。他们先来到河南省博物馆参观。河南省博物馆馆藏文物数量众多、种类齐全、具有极高的艺术价值,尤其以史前文物、商周青铜器、历代陶瓷器、玉器及石刻最具特色。宗白华在一尊青铜器前驻足观审,这是一件春秋中期青铜盛器,叫"春秋莲鹤方壶",纹饰细腻,结构复杂,铸造精美,是春秋时期青铜工艺的典范之作。这件青铜器最显著的标志是在莲花瓣状的壶盖中央,站立着一只清新俊逸、昂首振翅的仙鹤,似踌躇满志,睥睨一切,只待一飞冲天,翱翔宇宙。宗白华仿佛看到了春秋战国的时代精神,诸子百家,思想争訇,激扬人心,令他不由沉浸良久。从博物馆出来后,他们又去逛了旧书店,宗白华突然发现了一套在北京寻求不到的书籍,很是高兴,一问价格也不贵,满意地买下了。然后,他与安敦礼话别,慢悠悠踱步走向公交车站,乘车回住处。

在郑州大学讲完学,正值4月洛阳牡丹盛开的季节,耿恭让和另一位老师陪同宗白华前往洛阳游玩考察。一行人先到了龙门,参观了世界上造像最多、规模最大的石刻艺术宝库——龙门石窟。这里坐落着世界闻名的那尊卢舍那大佛,宗白华与大佛两眼相望,一瞬间,他好像又听到了四十多年前的那个夏天,同屋室友诵读《华严经》的声音。接着,他们又参观了中国第一古刹——白马寺以及埋葬关羽首级的关林庙。最后参观了王城公园,这里的牡丹姹紫嫣红,争奇斗艳,花团锦簇,国色天香,真是"疑是洛川神女作,千娇万态破朝霞"[44]。这次的洛阳之行,更让宗白华感叹中国艺术与美学的璀璨富丽、中原历史文化的博大精深。

第三节　风雨名士

> 美是调解矛盾以超入和谐。
> ——宗白华《哲学与艺术——希腊大哲学家的艺术理论》,载金雅主编、王德胜选编《中国现代美学名家文丛·宗白华卷》,浙江大学出版社2009年版,第138页。

散步人生路,是宗白华面对生命的高华气度和哲诗底色。不管跌宕起伏,还是绚丽落寞,他总是云淡风轻,林下怡情。

一、风云磨砺

1966年5月,长达十年的"文化大革命"开始。北京大学哲学系不可避免遭到"清算"。一开始,哲学系全体教师聚集在一起开会,接着被分为两组,一组是据说"有问题"的,这些教师每天清晨要在校园内劳动,做些扫地拔草的活;另一组是据说"没有问题"的。宗白华一开始被划入"没有问题"的一组,后来又被划入"有问题"的一组,遭到批斗,强迫写检讨,强迫劳动改造。他之前没有公开出版的著述,只有在期刊上发表的文章,新中国成立后拿到的稿费也很少,而且在北大也只是三级教授,所以在"文革"前,他就被视为"无能之资产阶级教授"。也正因此,宗白华在这场浩劫中被批斗得并不算厉害。但在这场动乱中,宗白华收藏的一些文物古玩、字画书籍,最终也都不知去向。好在宗白华于风暴来临之前,将案头的那尊佛头像三十年前那样,再次埋入了地下,幸存下来。同时幸存下来的,还有宗白华一些曾经未刊出的文章笔记手稿,这些手稿中最早的大概是二三十年代宗白华在中央大学任教期间留下的,几十年来宗白华一直保留着它们。"文革"前,宗白华将这些手稿,连同曾经主编的或刊发文章的刊物,一起锁在一个大铁箱里,放置在家中阳台的屋角。"文革"爆发后,宗白华被要求将家中的一间屋子腾出来给一位工人居住,这个铁皮大箱子无处可放,只好搬到公寓的过道,值得庆幸的是这些手稿和刊物并无人知晓,最终也都存留了下来。

在这样动乱的环境下,宗白华的美学散步也被迫停下了脚步。"文革"结束后,1979 年宗白华在给研究生林同华的回信中说:"'文化大革命'北大在中央直接领导下,注意政策,我实属宽待,情况良好。你耽心受难,并无其事。大时代中所获良多。"[47] 哲人高思,又会给后人何种启慧呢?

二、山坡走来"真名士"

宗白华的哲诗人格,使他面对人生磨砺、生命苦难时,始终是深沉而舒逸的,富有诗意的张力和哲人的从容。

宗白华与冯友兰曾一起被批斗。冯友兰回忆说:"那年夏天我和宗白华同志在南阁'学习',有一次看见他身穿白裤褂,一手打伞,一手摇着纸扇,从北阁后面的山坡上走来,优哉游哉。我突然觉得这不就是一种'晋人'风度吗？旷达是晋人风度的要点，达到那种境界，自然就是晋人风度，假定勉强做，就矫揉造作。'是真名士自风流'！"[48]

1975 年，"文革"接近尾声，宗白华终于有机会返乡探亲，他在弟弟和儿子的陪同下，踏上了回故乡常熟之路。

回乡途中，宗白华在南京游览访问了数日，并在南京大学进行了讲演，介绍了北京大学美学研究发展的情况。4 月 18 日，宗白华一行抵达常熟。20 日，前往兴福寺参观。兴福寺是江南名刹之一，青嶂叠起，古木参天，飞泉石桥，气象雄古，颇具林泉云壑之美。它的历史可以追溯到南齐延兴至中兴年间，因寺在破龙涧旁，故又称"破山寺"。唐代诗人常建的名诗《题破山寺后禅院》正是称赞此寺，云："清晨入古寺，初日照高林。曲径通幽处，禅房花木深。山光悦鸟性，潭影空人心。万籁此都寂，但余钟磬音。"[49]宋代书法家米芾手书此诗，刻于寺碑。兴福寺让宗白华疲惫的心灵得到了稍许平静，他和亲友在寺中的空心潭前合影留念。

宗白华一行还参观了地处常熟市虞山脚下书台公园西侧的游文书院。书院始建于清雍正年间，"游文"一词取自《汉书·艺文志》"游文于六经之中，留意于仁义之际"[50]，同时寓"潜心会文"之意。游文书院依山傍水，风景十分优美，而且古迹典籍颇多，后山脚上有多处刻石，藏书楼里有许多诗文典籍。宗白华一边欣赏游文书院的美景，一边翻阅典藏书籍，甚是惬意。之后宗白华还去虞山西麓宝岩祭扫祖坟。离开常熟后，宗白华又一路到上海、杭州探访亲友。

人的一生，如江河奔流，生命之舸在岁月长河中，激荡，起落，前行！

美的散步，"是对生活现象、人生意义换一种体察的方式，是在深层的意义上追寻日常生活的诗性"[51]。美学大师宗白华，此时已届七十八岁高龄，步履虽不免蹒跚，但依旧款款而行，洒落有致，风姿不减！

注释：

〔1〕〔25〕宗白华：《美学的散步》，载金雅主编、王德胜选编《中国现代美学名家文丛·宗白华卷》，浙江大学出版社 2009 年版，第 122 页；第 122 页。

〔2〕〔3〕〔4〕宗白华：《中国文化的美丽精神往那里去?》，载金雅主编、王德胜选编《中国现代美学名家文丛·宗白华卷》，浙江大学出版社 2009 年版，第 65 页；第 67 页；第 67 页。

〔5〕宗白华：《艺境》，安徽教育出版社 2006 年版，第 3 页。

〔6〕〔7〕〔8〕〔9〕宗白华：《从一首诗想起》，载《宗白华全集·3》，安徽教育出版社 2008 年版，第 1 页；第 1 页；第 2 页；第 2 页。

〔10〕〔11〕〔13〕林同华：《哲人永恒，"散步"常新——忆宗师白华的教诲》，《学术月刊》1994 年第 3 期。

〔12〕〔23〕〔43〕〔45〕〔46〕〔48〕邹士方：《宗白华评传》，西苑出版社 2013 年版，第 276 页；第 281 页；第 283 页；第 306 页；第 306 页；第 305 页。

〔14〕宗白华：《古代画论大意》，载《宗白华全集·3》，安徽教育出版社 2008 年版，第 248 页。

〔15〕〔16〕宗白华：《读〈论美〉后一些疑问》，载《宗白华全集·3》，安徽教育出版社 2008 年版，第 275 页；第 277 页。

〔17〕〔18〕〔19〕〔20〕宗白华：《美从何处寻》，载金雅主编、欧阳文风等选鉴《宗白华哲诗人生论美学文萃》，中国文联出版社 2017 年版，第 233 页；第 233 页；第 234 页；第 235 页。

〔21〕宗白华：《荷马史诗中突罗亚城的发现者希里曼对中国长城的惊赞》，载《宗白华全集·3》，安徽教育出版社 2008 年版，第 261 页。

〔22〕宗白华：《论〈游春图〉》，载《宗白华全集·3》，安徽教育出版社 2008 年版，第 278 页。

〔24〕宗白华：《康德美学思想评述》，载《宗白华全集·3》，安徽教育出版社 2008 年版，第 350 页。

〔26〕〔27〕〔28〕宗白华：《漫话中国美学》，载《宗白华全集·3》，安徽教育出版社 2008 年版，第 391 页；第 392 页；第 393 页。

〔29〕宗白华：《关于山水诗画的点滴感想》，载《宗白华全集·3》，安徽教育出版社 2008 年版，第 375 页。

〔30〕〔31〕宗白华:《中国艺术表现里的虚与实》,载金雅主编、王德胜选编《中国现代美学名家文丛·宗白华卷》,浙江大学出版社 2009 年版,第 233 页;第 234 页。

〔32〕宗白华:《中西戏剧比较及其他》,载《宗白华全集·3》,安徽教育出版社 2008 年版,第 395 页。

〔33〕〔34〕〔35〕宗白华:《艺术形式美二题》,载《宗白华全集·3》,安徽教育出版社 2008 年版,第 399 页;第 400 页;第 400 页。

〔36〕〔37〕〔38〕〔39〕宗白华:《中国古代的音乐寓言与音乐思想》,载金雅主编、欧阳文风等选鉴《宗白华哲诗人生论美学文萃》,中国文联出版社 2017 年版,第 193 页;第 199 页;第 200 页;第 196 页。

〔40〕〔41〕宗白华:《中国书法里的美学思想》,载金雅主编、王德胜选编《中国现代美学名家文丛·宗白华卷》,浙江大学出版社 2009 年版,第 277 页;第 279 页。

〔42〕宗白华:《形与影——罗丹作品学习札记》,载金雅主编、欧阳文风等选鉴《宗白华哲诗人生论美学文萃》,中国文联出版社 2017 年版,第 108 页。

〔44〕〔49〕(清)彭定求等编:《全唐诗》,中华书局 1999 年版,第 5417 页;第 1464 页。

〔47〕宗白华:《复林同华函》,载《宗白华全集·3》,安徽教育出版社 2008 年版,第 577 页。

〔50〕章太炎:《原儒》,载《章太炎政论选集》,中华书局 1977 年版,第 491 页。

〔51〕金雅等:《中国现代人生论美学引论》,中国社会科学出版社 2020 年版,第 221 页。

寻味春光

第五章　哲诗常新

> 人类这种最高的精神活动，艺术境界与哲理境界，是诞生于一个最自由最充沛的深心的自我。
>
> ——宗白华：《中国艺术意境之诞生》，载金雅主编、王德胜选编《中国现代美学名家文丛·宗白华卷》，浙江大学出版社 2009 年版，第 221 页。

宗白华的一生，任云卷云舒，不热不燥，任日出日落，自在有致。这位融诗人和哲人一身的美学大师，努力释放自己全部的温度和诗情，尽情洒落霞光般的哲韵和诗意！

第一节　春蚕丝未尽

> 一切事业成就于"美"。而人生亦不失去中心与和谐。
>
> ——宗白华：《席勒的人文思想》，载金雅主编、王德胜选编《中国现代美学名家文丛·宗白华卷》，浙江大学出版社 2009 年版，第 61 页。

1976 年，近八十的宗白华，没有停下美学的脚步，而是继续在美境中求索。

一、珍贵的讲稿

1979年1月,上海文艺出版社出版的《文艺论丛》第6辑,发表了宗白华的长篇重要论文《中国美学史中重要问题的初步探索》。此文依据1963年宗白华为北京大学哲学系中文系高年级学生开设的中国美学史讲座讲稿,由宗白华的学生、北大副教授叶朗整理,宗白华审校。文章分为五章:一、引言——中国美学史的特点和学习方法;二、先秦工艺美术和古代哲学、文学中所表现的美学思想;三、中国古代的绘画美学思想;四、中国古代的音乐美学思想;五、中国园林建筑艺术所表现的美学思想。文章系统梳理总结了中国美学史的特点、学习方法、中国古代重要门类艺术美学思想,提炼论析了诸多重要中国古典美学范畴和命题,强调了各门类艺术之间的相互影响交融,提出魏晋六朝是中国美学思想大转折的一个关键。

该文提出,中国美学史上有两种不同的美感理想,即出水芙蓉的美和错彩镂金的美:"楚国的图案、楚辞、汉赋、六朝骈文、颜延之诗、明清的瓷器,一直存在到今天的刺绣和京剧的舞台服装,这是一种美,'镂金错采、雕缋满眼'的美。汉代的铜器陶器,王羲之的书法,顾恺之的画,陶潜的诗,宋代的白瓷,这又是一种美,'初发芙蓉,自然可爱'的美。"[1]宗白华认为魏晋六朝之后,中国人的美感理想出现转折,那就是"认为'初发芙蓉'比之于'镂金错采'是一种更高的美的境界。在艺术中,要着重表现自己的思想,自己的人格,而不是追求文字的雕琢"[2]。

文章讨论了中国美学中的虚实问题:"艺术家创造的形象是'实',引起我们的想象是'虚',由形象产生的意象境界就是虚实的结合。"[3]他说:"以虚带实,以实带虚,虚中有实,实中有虚,虚实结合,这是中国美学思想中的核心问题。"[4]他进而指出:"客观现实是个虚实结合的世界,所以反映为艺术,也应该虚实结合,才有生命";"艺术要主观和客观相结合，才能创造美的形象。这就是化景物为情思的思想"，"化景物为情思，这是对艺术中虚实结合的正确定义。以虚为虚，就是完全的虚无；以实为实，景物就是死的，不能动人；唯有以实为虚，化实为虚，就有无穷的意味，幽远的境界。"[5] 所以，他也认为，艺术的虚实相生，是"在天地之外别构一种灵奇，是一个有生命的、活的，世界上所没有的新美、新境界"[6]。

针对中国古代绘画美学，宗白华重点讨论了"气韵生动"和"迁想妙得"两个范畴。前者针对艺术，后者针对艺术家。"气韵生动"源自谢赫《古画品录》中的绘画"六法"，谢赫将"气韵生动"置于"六法"之首。"这是绘画创作追求的最高目标，最高的境界，也是绘画批评的主要标准。"[7] 宗白华认为："气韵，就是宇宙中鼓动万物的'气'的节奏与和谐。绘画有气韵，就能给欣赏者一种音乐感"；"不单绘画如此，中国的建筑、园林、雕塑中都潜伏着音乐感——即所谓'韵'"，"谢赫的'气韵生动'，不仅仅是提出了一个美学要求，而且首先是对于汉代以来的艺术实践的一个理论概括和总结。"[8] 而要把握艺术对象内在的核心与本质，达到"气韵生动"的艺术境界，则艺术家必须要发挥艺术想象，宗白华认为这就是顾恺之论画时说的"迁想妙得"；"一幅画既然不仅仅描写外形，而且要表现出内在神情，就要靠内心的体会，把自己的想象迁入对象形象内部去，这就叫'迁想'；经过一番曲折之后，把握了对象的真正神情，是为'妙得'"[9]。

针对绘画艺术，宗白华又总结了骨力、骨法、风骨三个重要范畴。他说："'骨'，是生命和行动的支持点，是表现一种坚定的力量，表现形象内部的坚固的组织。因此'骨'也就反映了艺术家主观的感觉、感受，表现了艺术家主观的情感态度。"[10] 因此，"骨"能产生一种"感动的力量"。"骨"外要有"风"，"'风'可以动人，'风'是从情感中来的"，所以"风骨"的美学理念是既要注重思想，又要注重情感，"咬字是骨，即结言端直，行腔是风，即意气骏爽、动人情感"[11]。

在讨论中国古代戏曲美学时，宗白华阐发了"声中无字，字中有声"这一命题。"字中有声"不难理解,"声中无字"如何理解呢？宗白华说:"什么叫'声中无字'呢？是不是说,在歌唱中要把'字'取消呢？是的,正是说要把'字'取消。但又并非完全取消,而是把它融化了,把'字'解剖为头、腹、尾三个部分,化成为'腔'。'字'被否定了,但'字'的内容在歌唱中反而得到了充分的表达。取消了'字',却把它提高和充实了,这就叫'扬弃'。'弃'是取消,'扬'是提高。这是辩证的过程";"戏曲表演里讲究的'咬字行腔',就体现了这条规律。'字'和'腔'就是中国歌唱的基本元素。咬字要清楚,因为'字'是表现思想内容,反映客观现实的。但为了充分的表达,还要从'字'引出'腔'。"[12]

关于中国园林建筑艺术,宗白华以"飞檐"为例,提出了中国建筑特有的"飞动之美"的命题;强调中国建筑的空间处理,是"随着心中意境可敛可放,是流动变化的,是虚灵的"[13]。

《中国美学史中重要问题的初步探索》中随处可见宗白华对中国艺术和美学精神的颖悟慧识。这是一篇在中国现代美学史上具有重要意义的文章。一经发表,便引起了轰动和讨论,来自全国各地向宗白华请教问候的信件,纷纷飞往北大宗白华家中。

二、大师风采依旧

一个人,只有以一生,力一事,才能成为一个真正的大师。宗白华堪称中国美学之大师！即使步入耄耋之年,他仍不急不躁、胸自清风、舒徐自在地持续自己美的历程。

1978 年 11 月,徐悲鸿逝世二十五周年,为了纪念这位挚交故友,宗白华在南京艺术学院主办的《南艺学报》第 2 期发表《忆悲鸿》一文。他动情回忆道:

　　1920 年 5 月,我从上海乘法轮至马赛转巴黎。友人介绍往诣徐悲鸿。他同蒋碧薇住在某街一公寓五楼屋顶上,租了一间玻璃房为画室、卧室，一足的 Boheme 的生活。艰苦的战斗和习画的热忱，令人敬佩。

我自法转柏林后二年，德国马克大跌，物价对外汇者很便宜。悲鸿偕蒋碧微来柏林居住，在康德街租一画室，找到模特儿，勤恳学画。访见德国当代著名画家康夫（Kompfr），请他指正。（康夫的大油画《菲希特向德国人民演说》，鼓励抗法，悬挂在柏林大学礼堂正厅）。后悲鸿向康夫购获油画及速写数幅，现藏北京悲鸿纪念馆。我也同到康夫家听他的言论，他继承了德国绘画现实主义的传统。

1925 年，我回国至南京中央大学任课，数年后悲鸿也来南京中大任艺术系主任，培育了中国现代不少现实主义的艺术工作者。

历史是割不断的。悲鸿一生勤恳坚强的努力，必能在中国艺术的发展上发挥良好的影响。歌德说："生命短促，而艺术永恒。"可以慰悲鸿于地下了。[14]

1978 年 12 月 22 日，北京大学召开纪念毛泽东八十五周年诞辰的座谈会，邀请宗白华参加。宗白华在会上真情流露：

> "五四"新文化运动时期，我参加了李大钊同志创办的少年中国学会。毛主席、恽代英也都是会员。1945 年在重庆，新中国成立后在中南海，我又两次见到毛主席，使我感到无比幸福，终生难忘。[15]

1979 年 6 月，北京大学燕园书画会成立，邀请宗白华担任顾问。同月，宗白华当选为北京市哲学会理事。

1980 年 4 月，《文艺论丛》第 10 辑发表了宗白华的译著《罗丹在谈话和信札中》。这篇文章译自宗白华在"文革"前读到的德国女音乐家海伦·娜斯蒂兹的同名书籍,宗白华认为海伦"文笔清丽,写出罗丹的生活、思想和性情,栩栩如生,使我吟味不已"[16]。

1980年6月,中华全国美学学会在昆明成立,朱光潜担任首任会长,宗白华担任理事。12月,中华全国美学学会在北京举办全国首届高校美学进修班,宗白华应邀前往恭王府与进修班的学员们座谈。当时的情境由学员段儒东记录下来,并写成《"大观园"里访美学家——宗白华先生》:

> 坐落在北海附近的恭王府,是清代恭亲王奕訢的官邸,始建于乾隆四五十年间,系北京唯一保存较为完整的一座王府。这组占地八十余亩的古建筑群,亭台楼榭,栉比鳞次,叠石假山,雕镂精巧,不少园景和题匾与《红楼梦》中的大观园意境极为相似,院内有方形石碑一柱,上书"曹宅茔地",尽管学术界各执牛耳,民间历来传说此处即是"大观园"。
>
> 由于流年岁月,天灾人祸,断垣残壁举目皆是,但人们置身其中,昔日的红楼梦境仍不免时时在脑际萦回。
>
> 这是一个晴朗的冬日,新近修缮绘漆过的"瞻霁楼"富丽堂皇,熠熠生辉,刚度过83岁寿辰的宗老先生,在一群来自全国各地高校美学教师的簇拥下,笑呵呵地走进"葆光室"。他头戴咖啡色火车头帽,身着宽大的蓝布棉衣,脖子上挂着一条紫灰相间的细短围巾,肩上还斜背着一只由黄变白的挎包,宛如进城的老农民。当他听说"天香庭院"相传是贾母寓处,"宝约楼"乃凤姐所居时,笑道:"这么说来,我们不是在梦里罗!"他讲话带有安庆口音。
>
> 话题自然由大观园引起。宗先生说,与西方的几何体、直线型建筑不同,中国的园林和建筑婉转萦回,曲径通幽,富于变化。《红楼梦》中形象地反映了这一民族特色,体现

了古代中国丰富的美学思想。恭王府则为我们提供了这方面的证例。诸如这类研究资料和审美对象，祖国蕴藏极其丰富，有志于美学的同志应该多走走、多看看，从中汲取营养。

在谈到我国的美学遗产时，宗先生真是如数家珍。他说，公元前两千多年的夏朝姑且不论，就从出土的商朝青铜器和陶器来看，其展现的丰富多彩的美感形态就达到了惊人的境界。世人都说笔是蒙恬发明的，其实我们从仰韶时期的陶绘中就能看到笔的使用。故宫博物院保存的文物，实际上就是一部中国美学思想发展史。随着考古工作的发现，美学材料将越来越多，亟待我们去发掘、研究，并据此写出我们自己的美学史。这方面，我们不能指望外国人。南京栖霞洞的石雕，至少是唐宋时期的珍品，国民党请外国人修缮，结果弄得面目全非，朴素的东西荡然无存，还感谢人家，真是反动透了！我们大量的国宝流落国外，不是被禁锢在国库，就是沉睡在私人家里，收藏者不研究，研究者看不到，真叫人遗憾。[17]

讲到激动时，宗白华摘下头上的火车头帽，露出一头雪白的银发。座谈中，有人提出现代派、印象派绘画看不懂，还是不是艺术的问题。宗白华回答道：

这确实是美学家们面临的一个问题。不管怎么说，多一些艺术表现形式总是好事。各民族有各民族的欣赏习惯，艺术家各有各的风格。我们要打开眼界，多观察多了解，多比较，不要轻易下判断，更不必硬性规定一个范围。这些艺术形式生命力如何，时间是最好的鉴证。从云岗、龙门的雕塑看，中国艺术家是很善于借鉴和吸收外来文化的。

艺术的道路既然极为广阔，研究美学也就不能窄路一条。要联系实际，开拓领域，各显神通。[18]

　　可见宗白华对西方现代派艺术也是开放的胸襟，他主张多观察各民族的艺术风格，倡导各种艺术之间的吸收借鉴。尤其他提出"时间是最好的鉴证"，既主张兼容开放，又坚持经典价值。面对富有朝气的进修班学员，宗白华感慨："看到美学界新人辈出，十分高兴。我老了，不行了，只想多活几年，亲眼看到祖国富强起来，看看百花齐放的局面。"[19]

　　在这次座谈会上，宗白华针对中国的美学研究，提出了一些非常具有建设性的意见，他的讲话内容经过整理后，题为《关于美学研究的几点意见》，在《文艺研究》1982 年第 2 期刊出。其中主要谈道：（一）要从比较中见出中国美学的特点；（二）要重视中国人美感发展史的研究；（三）路是走出来的，不是想出来的。[20]

　　宗白华强调："中国美学有悠久的历史，材料丰富，成就很高，要很好地进行研究。同时也要了解西方的美学。要在比较中见出中国美学的特点。"[21]他认为，我们要掌握和积累中国人的美感形态材料，由此出发，"研究中国美感的特点和发展规律，找出中国美学的特点，找出中国美学发展史的规律来"[22]。他语重心长地指出："艺术应该自由一些。艺术家应该自由创造，走自己的路"；"要鼓励创新，对有些新东西，不要轻易说这个是不美的、那个是不好的，要多了解，多研究。对绘画如此，对文学作品也是如此。一部小说，一篇散文，能有些新意那是不容易的。应该鼓励大家创造。失败了也不要紧，可以重来。搞艺术批评的人要尽量宽容些。搞美学研究，也需要从发展的观点来看问题。要让作品在社会上多经一些人看看。这对中国美学和艺术的发展是会有好处的。"[23]

　　1980 年 12 月，宗白华翻译了瓦尔特·赫斯编著的《欧洲现代画派画论选》，由人民美术出版社出版。此书反映了宗白华对欧洲现代艺术的关注,一出版,便在美术工作者和爱好者中引起非常好的反响。

1981年5月,上海人民出版社出版了宗白华美学文选集《美学散步》,这本集子汇集了宗白华一生最精要的美学篇章,也是宗白华生前出版的唯一的一部美学著作。集子出版后,引起了巨大反响,报刊媒体纷纷报道,一时洛阳纸贵,甚至宗白华的一些亲朋好友买不到书,于是给他写信索书。《美学散步》从1981年至今,多次再版印刷,一直畅销不衰,常年排在美学类图书榜单前列。1981年8月,台湾洪范书店也出版了宗白华的美学文选,名为《美学的散步》,在书的代序中,台湾学者杨牧说:"宗白华以丰富的中国古典学业为基础,深入探索欧洲文学的神髓,继而反射追寻中国文化的精华,确能在清澄通明的思维中,毫无保留地为传统文学点出诠释欣赏的爝火;他是五十年来我们最值得敬佩的比较文学者之一,更是传承介绍美学理论和实践的睿智,殆无可疑。"[24]宗白华以卓绝的大师风范,带动神州两岸一起美学散步,共同体味美的哲韵诗情。

1982年1月,北京大学文艺美学丛书编委会编著的《美学向导》出版,刊登了宗白华所作的寄语。宗白华强调"美学研究不能脱离艺术,不能脱离艺术的创造和欣赏,不能脱离'看'和'听'"。他特别强调指出:

> 我们是中国人,我们要特别注意研究我们自己民族的极其丰富的美学遗产![25]

宗白华认为,研究中国美学不能只局限于诗歌文学,需要把眼光放宽放远,注意音乐、建筑、舞蹈等多种艺术样式,探索它们的共同民族特点,总结出中国人自己的民族艺术的共同性规律。同时,他还强调不能闭门造车,要运用比较的视野和方法,"研究中国美学,还要把中国的美学理论与欧洲、与印度的美学理论相比较,从比较中可以见出中国美学的特殊性。"[26]

1982年2月,宗白华被聘为北京大学出版社顾问、文艺美学丛书编委会顾问。

1982年10月,北京大学龙协涛编纂《艺苑趣谈录》,宗白华为该书作序。在序中,宗白华再次阐发了他的"散步"美学精神,主张理想的美学著作应该是"学术性"和"趣味性"的统一:

> 美学的研究与论述可以采取各种不同的形态:柏拉图以对话的形式谈论美与艺术;康德以严肃的哲学分析的方式研究美的判断力;西方近代的一些美学家从心理分析的角度探寻美的意识的特点;中国魏晋六朝时代的文人则注重从人物的风度、言语的隽妙、行动的别致来欣赏美,并把"气韵生动"列为美术的终极目标,等等。
>
> 所以,美学的内容,不一定在于哲学的分析,逻辑的考察,也可以在于人物的趣谈、风度和行动,可以在于艺术家的实践所启示的美的体会与体验。就后面的这种方式来说,六朝的《世说新语》正是先驱,后来续出的不少,颇为人们所喜爱。现在这本《艺苑趣谈录》扩大范围,从古今中外的艺术史中广泛撷取富有启发性的趣事趣谈,就更显得丰富多彩了。它并不是一本系统论述文艺美学的理论著作,它也并不直接解决文艺美学的某个理论问题。但是它所选取的古今中外著名艺术家的这些趣事趣谈,却可启发我们去思考和研究文艺美学的很多理论问题。这也许就是它的特色与价值之所在。照我想,一本书的学术性和趣味性并不是互相排斥的。真正理想的美学著作,所应追求的恰恰应该是学术性和趣味性的统一。不知读者以为如何?[27]

20世纪初,西方美学东渐进入中国,许多学者接受西方美学的话语模式和思维范式,在美学论著中逐渐丢弃中国美学原有注重体验诗情的阐释方式,这也使得美学内在的趣味维度有所消解。然而真正有情怀的美学,正因为包含对感性体验的直观诉说,包含对人本身价值的体味观照以及对人的生命的滋养和人性人格的涵育,而彰显出迷人的独特的深沉魅力。

宗白华是现代中国式人生论美学的代表学者之一。他一生的美学立场及其生命实践,对自然、艺术、哲学、美的热爱和探索,始终是情绪饱满的,哲意深沉的,温润诗性的,也是汇融无间,始终如一的。

1982 年 11 月 10 日,北京大学学海社成立,并创办《学海》杂志,宗白华与王力被邀请为名誉顾问。宗白华为学海社题词:"泛舟学海,孰为指南? 百家争鸣,百花齐放!"[28]

1982 年 12 月,北京大学出版社出版了《宗白华美学文学译文选》,在书的编后记中,编者情动于中:

> 这是一个多么值得尊敬的采花者! 他采花,是出自爱花。他爱那世界文化宝库中的那些珍贵的美学、文学之花,就象爱自己祖国的美学、文学之花一样。正是由于爱,他舍不得采撷那珍贵的花,唯恐自己的译笔减损了她的风采。因为他明白,两种语言之间很难有一座非常理想的桥梁。同样由于爱,他"又忍不住"要采撷那可爱的花。因为他深知,单调的花色编不成美丽的织锦,闭塞的民族张不开思想的羽翼,美学研究不能没有这些花,祖国的文化需要这些花。为着采得鲜花而又不失其姿色,他将自己的"一片灵魂"——爱国的热忱、诗人的气质、艺术的修养,美学的造诣,全都融进了采撷的劳动之中。他不以字义的准确为满足,而是努力去捕捉那些论著的"灵魂"——内在的精神和逻辑的联系,极力传达那些大师笔下特有的神韵。因此,他的译作也和他的写作一样,数量不多,分量却很重。康德、

黑格尔、莱辛、温克尔曼、歌德、席勒、罗丹······他所涉猎的都是西方美学史、文学史上的大家;《判断力的批判》(因篇幅关系,本书未收入)、《席勒和歌德的三封通信》、《欧洲现代画派画论选》等重要论著,都是第一次介绍到我国。宗先生的译笔生动、流畅、传神,有着诗一般的魅力。[29]

1983 年 3 月,北京大学《学海》杂志第 2 期,发表访谈文章《正在散步的老人——宗白华先生访问记》。这篇访谈后经整理,以《漫谈中国美学史研究》为题,在《北大校刊》1983 年 11 月 23 日刊出。文中,宗白华再次强调:"在美学研究中,一方面要开发中国美学的特质,另一方面也要同西方美学思想进行比较研究,发现它们之间的联系与区别。"[30]

1983 年 4 月,宗白华与学生丁羲元讨论了关于书法的一些问题,丁羲元将谈话内容进行整理,在 1983 年第 4 期《书法研究》上发表了《中国书法艺术的性质》一文,体现了宗白华对中国书法美学思想的一贯立场:

> 中国的书法,是节奏化了的自然,表达着深一层的对生命形象的构思,成为反映生命的艺术。因此,中国的书法,不像其他民族的文字,停留在作为符号的阶段,而是走上艺术美的方向,而成为表达民族美感的工具。这也可说是中国书法的一个特点。中国的画,画与书法,差不多是分不开的,绘画的发展,越来越与书法联系起来,画的价值往往与书法的价值结合在一起。[31]

时间的齿轮,向前转动。散步的老人——宗白华,依然在他的美学道路上前行,风姿不减,风采依然。美在他的生命里,绘织出一片片鸢飞鱼跃、活泼玲珑、渊然而深的灵境。

第二节　美境无涯

> 创造者应当是真理的搜寻者，美乡的醉梦者，精神和
> 肉体的劳动者。
>
> ——宗白华：《我和艺术》，载金雅主编、欧阳文风
> 等选鉴《宗白华哲诗人生论美学文萃》，中国文联出版社
> 2017年版，第225页。

宗白华一生，都在向美而行，创造美，赏悦美，创构一个美、艺、诗、哲一体的万物光明、张弛有致、澄澈和谐的生命灵境。他仿佛一片洁白莹润的流云，自由而恒定地舒逸在无尽的碧空蓝天。

一、追忆"我和艺术"

1983年9月10日，宗白华为江溶编著的《艺术欣赏指要》作序《我和艺术》。这年冬，宗白华发现自己有只眼睛视物已经不如之前清晰，书本上的字，自然中的花鸟，仿佛都笼上了一层朦胧的白纱。12月，经北京广安门医院诊断，他患上了白内障，经过治疗，术后恢复很好。

1984年11月20日，北京大学哲学系部分师生相聚，为宗白华庆祝从事教学六十周年。庆祝会上，宗白华发表演讲，对中国的美学和艺术研究寄予厚望：

> 今天是我一生最愉快最光荣的日子，见到了许多老朋友，又结识了不少新朋友。想起过去几十年的时间，自己很惭愧，我没有拿出多少东西，教学方面做得也很少。但这几十年来我的生活很丰富，见到许多东西，得到许多益处。新中国对古代艺术很重视，考古有许多发现。研究美学和艺

术的人要重视考古,我一直重视考古。中国地下宝贝那么多,中国的美学和艺术研究希望最大。我虽已八十多岁了,还感到很年轻。北大的领导很重视研究工作,今后一定能搞得更好。[32]

庆祝会上,燕园书画会敬赠宗白华对联:"撷英寻美,酿蜜育人!"

1985年,《文艺美学》第1期发表宗白华的译作《马克思美学思想里的两个重要问题》。商务印书馆将宗白华翻译的《判断力批判》(上卷),列入"汉译世界学术名著丛书",再次出版。

1986年11月23日,《光明日报》刊发《我和艺术》,这是宗白华一生中最后一篇公开发表的文章。兹录于下:

> 我与艺术相交忘情,艺术与我忘情相交,凡八十又六年矣。然而说起欣赏之经验,却甚寥寥。
>
> 在我看来,美学就是一种欣赏。美学,一方面讲创造,一方面讲欣赏。创造和欣赏是相通的。创造是为了给别人欣赏,起码是为了自己欣赏。欣赏也是一种创造,没有创造,就无法欣赏。六十年前,我在《看了罗丹雕刻以后》里说过,创造者应当是真理的搜寻者,美乡的醉梦者,精神和肉体的劳动者。欣赏者又何尝不当如此?
>
> 中国有句古话,叫做"万物静观皆自得"。静故了群动,空故纳万境。艺术欣赏也需澡雪精神,进入境界。庄子最早提倡虚静,颇懂个中三昧,他是中国有代表性的哲学家中的艺术家。老子、孔子、墨子他们就做不到。庄子影响大极了。中国古代艺术繁荣的时代,庄子思想就突出,就活跃,魏晋时期就是一例。晋人王戎云:"情之所钟,正在我辈。"创造需炽爱,欣赏亦需钟情。记得三十年代初,我在南京偶然购得隋唐佛头一尊,重数十斤,把玩终日,因有"佛头宗"

之戏。是时悲鸿等好友亦交口称赞，爱抚不已。不久，南京沦陷，我所有书画、古玩荡然无存，唯此佛头深埋地底，得以幸存。今仍置于案头，满室生辉。这些年，年事渐高，兴致却未有稍减。一俟城内有精彩之文艺展，必挂杖挤车，一睹为快。今虽老态龙钟，步履维艰，犹不忍释卷，以冀卧以游之！

艺术趣味的培养，有赖于传统文化艺术的滋养。只有到了徽州，登临黄山，方可领悟中国之诗、山水、艺术的韵味和意境。我对艺术一往情深，当归于孩童时所受的熏陶。我在《我和诗》一文中追溯过，我幼时对山水风景古刹有着发乎自然的酷爱。天空的游云和复成桥畔的垂柳，是我孩心最亲密的伴侣。风烟清寂的郊外，清凉山、扫叶楼、雨花台、莫愁湖是我同几个小伴每星期日步行游玩的目标。十七岁一场大病之后，我扶着弱体到青岛去求学，那象征着世界和生命的大海，哺育了我生命里最富于诗境的一段时光……

艺术的天地是广漠阔大的，欣赏的目光不可拘于一隅。但作为中国的欣赏者，不能没有民族文化的根基。外头的东西再好，对我们来说，总有点隔膜。我在欧洲求学时，曾把达·芬奇和罗丹等的艺术当作最崇拜的诗。可后来还是更喜欢把玩我们民族艺术的珍品。中国艺术无疑是一个宝库！[33]

"真理的搜寻者，美乡的醉梦者"，这不就是宗白华一生的生动写照吗？

在哲思中追求真理，在艺术中追求诗意，在人生中将哲韵和诗情贯通，正是这位美学大师最鲜明的人格特征和精神亮点！

二、复归的"流云"

1986 年 9 月，北京大学文艺美学丛书编辑委员会重编了《艺境》一书，于 1987 年 6 月初版，1988 年 6 月即第二次印刷。《艺境》一书分"艺境"、"流云"两集，"艺境"是宗白华的重要美学和文艺论文，"流云"是宗白华曾轰动"五四"诗坛的早年诗作。编委会在书的勒口，专门写了一段文字，其中说道："作者学贯中西，赋予哲学家的思辨、艺术家的灵视，故其所论极为精辟"；"流云""是作者对宇宙、人生的自觉的探索和对'艺境'哲理性的艺术的体现。"[34]

宗白华在《艺境》前言中说：

> 我虽终生情笃于艺境之追求，所成文字却历来不多，且不思集存，故多有散失。四十年前，偶欲将部分论艺术之文集为《艺境》刊布，亦未能如愿。不想编者此次所集竟数倍于当年之《艺境》，费力之巨，可想而知。

> 尤当致谢的是，编者同时勾沉了吾早年所作之小诗，致使飘逝的"流云"得以复归。诗文虽不同体，其实当是相通的。一为理论的探究，一为实践之体验。不知读者以为然否？

> 人生有限，而艺境之求索与创造无涯。本书或可为问路石一枚，对后来者有所启迪，则此生无憾矣！[35]

看到飘逝的"流云"得以复归，是否再次泛起了宗白华心中诗意的涟漪呢？想必这个回答是肯定的。复归的"流云"，点缀出《艺境》的生意盎然，让《艺境》更具有宗白华人格精神般哲诗的品格。"流云"不仅是一首首浪漫写意的小诗，更记录下了从海边畅想少年到湖畔追思老者的宗白华。"流云"飘飘，在抚慰了世界的天空后，终究也是回归到那片云兴霞蔚、斑驳多姿、多情缱绻的灵渊中。

不久后，宗白华生病卧床，被转入北京大学校医院，又因多种原因,后被转入友谊医院养病治疗。

11 月的北京,已经有了稍许刺骨的凉意,昏黄的落日失去了原本柔软细腻的温度,余晖洒在行人身上,只映出瘦削嶙峋的光影,秋风再度卷起,枯黄的败叶挟着尘埃漫天飞舞。此时的宗白华病重,每天吊着葡萄糖维持生命,日常饮食多是流食。但有人看望他时,他还是会说自己感觉不错,他继续说:"我一辈子是乐观主义。这几年做不了什么事情,但坚持散步,我最喜欢静静地望着广阔的天空……"[36]或许当宗白华仰望天空,远眺那片片流云,仿佛自己也成了其中一朵,自由洒逸,飘然而去。

11 月 23 日,《光明日报》刊出了宗白华生前最后一篇文章的《我与艺术》。

12 月,宗白华病情加重。1986 年 12 月 20 日下午 1 时,一个寒冷的冬日午后,中国现代美学大师宗白华,追随流云而去,享年八十九岁。

> 舒卷意何穷,萦流复带空。
> 有形不累物,无迹去随风。
> 莫怪长相逐,飘然与我同。[37]

12 月 27 日,宗白华遗体火化,随遗体火化的,还有一本即将出版的《艺境》……

注释:

〔1〕〔2〕〔3〕〔4〕〔5〕〔6〕〔7〕〔8〕〔9〕〔10〕〔11〕〔12〕〔13〕宗白华:《中国美学史中重要
  问题的初步探索》,载金雅主编、王德胜选编《中国现代美学名家文丛·宗
  白华卷》,浙江大学出版社 2009 年版,第 173 页;第 173 页;第 176 页;第
  176 页;第 177 页;第 178 页;第 184 页;第 184 页;第 184 页;第 185 页;第
  186 页;第 189 页;第 192 页。

〔14〕宗白华:《忆悲鸿》,载《宗白华全集·3》,安徽教育出版社 2008 年版,第576 页。

〔15〕宗白华:《在北京大学纪念毛泽东主席诞生八十五周年座谈会上发言》,载《宗白华全集·3》,安徽教育出版社 2008 年版,第 578 页。

〔16〕宗白华:《形与影——罗丹作品学习札记》,载金雅主编、欧阳文风等选鉴《宗白华哲诗人生论美学文萃》,中国文联出版社 2017 年版,第 109 页。

〔17〕〔18〕〔19〕段儒东:《"大观园"里访美学家——宗白华先生》,《安徽日报》1981 年 2 月 10 日。

〔20〕〔21〕〔22〕〔23〕宗白华:《关于美学研究的几点意见》,载《宗白华全集·3》,安徽教育出版社 2008 年版,第 592 页;第 592 页;第 595 页;第 596 页。

〔24〕〔36〕邹士方:《宗白华评传》,西苑出版社,第 332 页;第 373 页。

〔25〕〔26〕宗白华:《〈美学向导〉寄语》,载《宗白华全集·3》,安徽教育出版社2008 年版,第 607 页;第 608 页。

〔27〕宗白华:《〈艺苑趣谈录〉序》,载《宗白华全集·3》,安徽教育出版社 2008 年版,第 604 页。

〔28〕宗白华:《为北京大学学海社题辞》,载《宗白华全集·3》,安徽教育出版社2008 年版,第 605 页。

〔29〕宗白华译:《宗白华美学文学译文选》,北京大学出版社 1982 版,第 356 页。

〔30〕宗白华:《漫谈中国美学史研究》,载《宗白华全集·3》,安徽教育出版社2008 年版,第 617 页。

〔31〕宗白华:《中国书法艺术的性质》,载《宗白华全集·3》,安徽教育出版社2008 年版,第 612 页。

〔32〕宗白华:《在北京大学哲学系庆祝宗白华教授从事教学六十周年座谈会上的讲话》,载《宗白华全集·3》,安徽教育出版社 2008 年版,第 619 页。

〔33〕宗白华:《我和艺术》,载金雅主编、欧阳文风等选鉴《宗白华哲诗人生论美学文萃》,中国文联出版社 2017 年版,第 225 页。

〔34〕参见宗白华《艺境》封面勒口文字,北京大学出版社 1987 年版。

〔35〕宗白华:《艺境》,北京大学出版社 1987 年版。

〔37〕(唐)皎然:《南池杂咏五首·溪云》,载蒋述卓编《禅诗三百首赏析》,广西师范大学出版社 2003 年版,第 78 页。

生命怡境

主要参考书目

宗白华:《美学散步》,上海人民出版社 1981 年版。

宗白华:《艺境》,北京大学出版社 1987 年版。

宗白华:《流云小诗》,安徽教育出版社 2006 年版。

宗白华、田汉、郭沫若:《三叶集》,安徽教育出版社 2006 年版。

林同华主编:《宗白华全集》,安徽教育出版社 2008 年版。

周月峰编:《〈少年中国〉通信集》,福建教育出版社 2015 年版。

金雅主编、王德胜选编:《中国现代美学名家文丛·宗白华卷》,浙江大学出版社 2009 年版。

金雅主编、欧阳文风等选鉴:《宗白华哲诗人生论美学文萃》,中国文联出版社 2017 年版。

金雅:《人生艺术化与当代生活》,商务印书馆 2015 年版。

金雅等:《中国现代人生论美学引论》,中国社会科学出版社 2020 年版。

叶朗:《美学的双峰:朱光潜宗白华与中国现代美学》,安徽教育出版社 1999 年版。

王德胜:《宗白华评传》,商务印书馆 2001 年版。

邹士方:《宗白华评传》,西苑出版社 2013 年版。

云慧霞:《宗白华评传》,黄山书社 2016 年版。

林同华:《宗白华美学思想研究》,辽宁人民出版社 1987 年版。

王德胜：《宗白华美学思想研究》，商务印书馆 2012 年版。

胡继华：《宗白华：文化幽怀与审美象征》，北京出版社出版集团、文津出版社 2005 年版。

萧湛：《生命·心灵·艺境——论宗白华生命美学之体系》，上海三联书店 2006 年版。

欧阳文风：《现代性视野下的宗白华诗学研究》，电子科技大学出版社 2014 年版。

（德）爱克曼著、朱光潜译：《歌德谈话录》，人民文学出版社 1978 年版。

（德）叔本华著、石冲白译：《作为意志与表象的世界》，商务印书馆 2018 年版。

（德）康德著、邓晓芒译：《判断力批判》，人民出版社 2017 年版。

陈戍国点校：《四书五经》，岳麓书社 2002 年版。

陈鼓应注译：《庄子今译今注》，中华书局 2016 年版。

（南朝宋）刘义庆著、（南朝梁）刘孝标注：《世说新语》，浙江古籍出版社 2015 年版。